高职高专机电一体化专业规划教材

机械 CAD/CAM 软件应用技术——UG NX 8.5

邓俊梅　刘瑞明　主　编

祁晨宇　尹　亮　袁　媛　梁立叶　副主编

清华大学出版社

北　京

内 容 简 介

本书全面、系统地介绍了 UG NX 8.5 软件的应用技术。

全书共 13 章。第 1 章对 UG NX 8.5 的特点、界面和基本操作进行了介绍。第 2～7 章为实体建模部分，分别介绍了体素特征、草图、扫描特征、成型特征与参考特征、特征操作与特征编辑等实体建模和编辑的方法。第 8 章通过多个范例介绍了实体建模中各种特征的综合应用。第 9 章介绍了装配建模的方法、装配爆炸图的生成和编辑，以及拆装顺序的创建方法。第 10～12 章为工程制图部分，分别介绍了视图、剖视图的创建，以及图纸标注的方法。第 13 章主要介绍了 UG NX 8.5 中的 CAM 功能，包括 UG NX 加工模块的用户界面、加工环境设置、刀具的选择与定义、刀具轨迹的生成等内容。

本书讲解通俗易懂、图文并茂，可作为高等院校机械类各专业学生的教材，也可作为工程技术人员学习 UG 的自学教程和参考书籍。

图书在版编目(CIP)数据

机械 CAD/CAM 软件应用技术——UG NX 8.5/邓俊梅，刘瑞明主编. —北京：清华大学出版社，2017
（2020.8 重印）
　（高职高专机电一体化专业规划教材）
　ISBN 978-7-302-45057-3

　Ⅰ. ①机… Ⅱ. ①邓… ②刘… Ⅲ. ①机械设计—计算机辅助设计—高等职业教育—教材 ②机械制造—计算机辅助制造—高等职业教育—教材 Ⅳ. ①TH122 ②TH164

　中国版本图书馆 CIP 数据核字(2016)第 218551 号

责任编辑：陈冬梅　李玉萍
装帧设计：王红强
责任校对：周剑云
责任印制：丛怀宇

出版发行：清华大学出版社
　　　　网　　　址：http://www.tup.com.cn, http://www.wqbook.com
　　　　地　　　址：北京清华大学学研大厦 A 座　　　邮　　编：100084
　　　　社 总 机：010-62770175　　　邮　　购：010-62786544
　　　　投稿与读者服务：010-62776969, c-service@tup.tsinghua.edu.cn
　　　　质量反馈：010-62772015, zhiliang@tup.tsinghua.edu.cn
　　　　课件下载：http://www.tup.com.cn, 010-62791865
印 装 者：北京建宏印刷有限公司
经　　销：全国新华书店
开　　本：185mm×260mm　　印　张：18.75　　字　数：456 千字
版　　次：2017 年 1 月第 1 版　　　　　印　次：2020 年 8 月第 4 次印刷
定　　价：49.00 元

产品编号：069531-02

前　言

Unigraphics NX(简称 UG NX)是美国 UGS 公司推出的 CAD/CAE/CAM 软件，可为制造业产品开发的全过程提供解决方案。其功能包括概念设计、工程设计、性能分析和制造等，广泛应用于汽车、航天航空、机械、电子产品和医疗仪器等行业。

本书是根据高职教育的特点，以能力培养为基础，在总结各院校多年来机械制图课、专业课和计算机辅助绘图教学的基础上编写的。其指导思想是以培养学生的计算机绘图能力为基础，以提高实际应用能力为核心，以实现工程设计表达和分析应用为目标，强化绘图能力。它是工科院校中一门既有理论又有实践的重要课程。作为适应高等职业技术教育的教材，本书有以下特点。

(1) 本书贯彻了最新的《机械制图》国家标准。结构和内容以形成职业能力为目标，着重提高学生的分析与应用能力，整体内容由浅入深，融课堂教学与自学于一体。遵循"必须、够用"的原则，选择教学内容。

(2) 本书立足于基本概念和操作，配以大量具有代表性的实例，便于学生进行大量的训练，使得本书内容具有专业性强、操作性强、代表性强的特点。

本书在编写过程中得到长期从事技术工作的内蒙古一机集团高级工程师梁立叶同志参与编写并提出指导意见，为校企合作教材开发融入了企业元素，也为力争培养符合企业需求的实用性技术人才提供了重要保障。

本书由包头职业技术学院邓俊梅、刘瑞明主编，祁晨宇、尹亮、袁媛、梁立叶(内蒙古一机集团)任副主编，包头职业技术学院王靖东任主审。

本书适合高等职业技术教育学院机械类和近机类相关专业使用，也可供相关工程技术人员参考。

本书在编写过程中参考了兄弟院校老师编写的有关教材及其他资料，也得到了有关院校领导和同行的大力支持，在此表示衷心感谢！

由于编者水平有限，书中难免存在错误和欠妥之处，敬请读者批评与指正。

编　者

目　　录

第 1 章　UG NX 8.5 简介

- 了解 UG NX 8.5 系统的用户界面。
- 了解 UG NX 8.5 系统的文件操作、视图操作、对象显示、对象选择、坐标系操作等。

技能要求

- 具备正确的选用工具条和命令的能力。
- 具备合理运用操作方法的能力。
- 具备使用命令和查询的能力。

本章概述

本章主要介绍 UG NX 8.5 中的常用工具及基本操作，包括 UG NX 系统的用户界面、文件操作、视图操作、对象显示、对象选择、坐标系操作等。这些内容是应用 UG NX 的基础。

1.1　UG NX 8.5 的特点

UG NX 8.5 是基于 Windows 平台的 CAD/CAM/CAE 一体化软件，功能覆盖了从概念设计到产品设计、数字化分析、辅助制造的整个设计生产过程，广泛应用于航空、汽车、造船、通用机械、模具和家电等领域。它提供了强大的实体建模技术和高效的曲面构建能力，能够完成最复杂的造型设计。UG NX 软件自 1990 年被引入中国以来，在国内得到了越来越广泛的应用，现已成为我国工业界使用最为广泛的大型 CAD/CAM/CAE 软件之一。

UG NX 8.5 是通用的 CAD/CAM/CAE 一体化软件，该软件主要包括以下一些常用的应用模块：

- UG 建模模块。
- UG 产品设计模块。
- UG 装配模块。
- UG 工程图模块。
- UG 模具设计模块。
- UG 数控模块。
- UG 注塑分析。
- UG 钣金设计模块。

1.2 UG NX 8.5 的界面

启动 UG NX 8.5 后，系统将显示如图 1-1 所示的界面。此界面是 UG NX 8.5 的基本环境界面，用于打开以前创建的 UG 文件或通过"新建"命令创建新的 UG 文件等。

图 1-1 UG NX 8.5 启动界面

在 UG NX 8.5 的启动界面中，选择"文件"→"新建"菜单命令或单击工具条中的"新建"按钮，打开"新建"对话框。在该对话框的"新文件名"栏中，将"名称"设置为要创建的文件名称，再选择文件的存储路径，最后单击"确定"按钮，系统将显示如图 1-2 所示的 UG 工作界面。

1.2.1 标题栏

主窗口顶部的标题栏显示了 UG 软件的版本号和当前的应用模块，还显示当前工作部件的文件名称和文件的修改状态。如图 1-2 所示，"修改的"表示该部件文件自上次保存以来被修改过。

1.2.2 菜单栏

通过菜单栏可以调用所有命令。如图 1-2 所示，在菜单栏单击某个菜单项，则弹出该菜单的下拉菜单。某些下拉菜单选项右侧有一个三角形的级联菜单指示符，表示该菜单有级联菜单。当光标移至该菜单项时，自动弹出其级联菜单。某些菜单项右侧标有快捷键，可以利用快捷键快速执行相应的命令。

提示： 对于不同的应用模块，菜单栏的菜单项会有所不同。

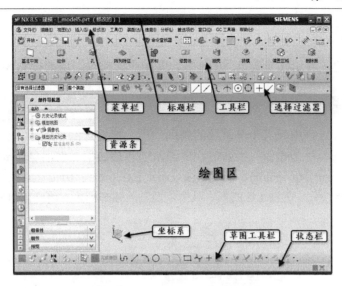

图 1-2　UG NX 8.5 工作界面

1.2.3　工具条

利用工具条可以方便地执行所需命令。通常工具条放置在主窗口四周的包容区域，也可以浮动在主窗口内的任意位置。将光标置于工具条的操作手柄处并按住鼠标左键拖动，可以将工具条移动到任意位置。如图 1-3 所示，工具条最左端的深色小点即为操作手柄。

图 1-3　工具条

将光标放置在工具条的操作手柄上稍等片刻，就会在光标附近显示该工具条的名称。同样，将光标置于某个工具条图标按钮上稍等片刻，将显示该图标按钮的名称。

常用的工具条包括"视图""标准""特征""同步建模""装配"等，将在后续的章节中详细介绍，如图 1-4 所示。

图 1-4　常用工具条

1.2.4 绘图区

绘图区是创建、显示和修改模型的地方，是用户建模最主要的操作区域。

1.2.5 资源条

资源条在设计过程中起着十分重要的辅助作用，能够详细地记录设计过程，包括设计过程中所用的特征、特征操作、参数等。资源条中包括装配导航器(Assembly Navigator)、部件导航器(Modeling Navigator)、浏览器(Internet Explorer)、历史记录(History)、系统材料(System Material)等部分，如图1-5所示。单击资源条的某个标签，将弹出对应的资源窗口。

图1-5 资源条

☞ **提示：** 选择"视图"→"显示资源条"菜单命令，可以显示或隐藏资源条。

☞ **提示：** 关于"角色"　：

NX 8.5 的角色(Role)是指针对不同用户的需求，系统所提供的一系列定制菜单和工具条的用户角色组。

默认情况下，NX 使用的是"基本角色(Essentials Role)"，无论是菜单还是工具条均精简了内容，并在工具图标下面显示命令文本，一般推荐初学者选择该角色。而高级角色 (Advanced Role)提供了更多的菜单命令和工具条，一般推荐那些比较熟悉 UG 图标工具并且在操作中需要使用大量工具的用户选择该角色。

随着操作经验的日益丰富，用户可以使用 NX 8.5 的自定义工具来组织菜单和工具条，以满足用户的需求，并将这些定制的项目保存到个人角色中，方便以后调用。

1.2.6 状态栏

状态栏用于显示下一步的操作内容。在操作过程中，每操作完一步，状态栏都提示下一步的操作内容，同时显示当前操作状态或刚完成的操作结果。利用状态栏的信息，可以了解当前的操作状态及操作结果是否正确。

1.3　UG NX 8.5 的基本操作

1.3.1　文件操作

UG NX 的文件操作包括新建文件、打开已保存文件和导入/导出文件等。

1. 新建文件

操作步骤如下。

(1) 单击"文件"菜单。

(2) 选择"新建"菜单命令或单击"标准"工具条中的"新建"按钮。

(3) 打开如图 1-6 所示的"新建"对话框，切换到"模型"选项卡。

(4) 设置"单位"为"毫米"。

(5) 选择新建类型为"建模"。

图 1-6　"新建"对话框

(6) 在"名称"文本框中输入模型的文件名。

(7) 在"文件夹"文本框中输入文件的保存路径或单击后面的文件夹按钮选择模型的保存路径。

(8) 单击"确定"按钮完成文件的新建。

提示： UG NX 不支持中文文件名和路径。

2. 打开已保存文件

如果需要对以前创建的部件进行修改，需要打开该部件文件。操作步骤如下。

(1) 单击"文件"菜单。

(2) 选择下拉菜单中的"打开"菜单命令或单击"标准"工具条中的"打开"按钮，打开如图 1-7 所示的"打开"对话框。

(3) 在"查找范围"下拉列表框中选择部件文件所在的目录。

(4) 在该目录中选择要打开的部件文件。该部件文件选择后高亮显示，并在右侧的预览区域显示该部件模型。同时，"文件名"下拉列表框显示该部件文件的名称。

(5) 确认选择正确后单击 OK 按钮，系统关闭对话框并打开所选文件。

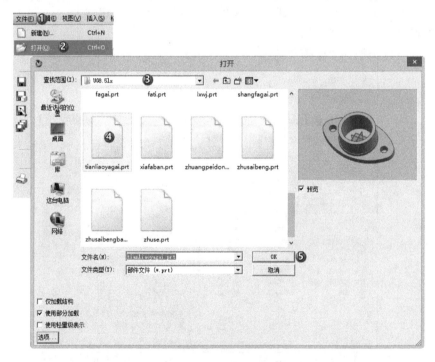

图 1-7 "打开"对话框

3. 导入/导出文件

通过"文件"下拉菜单中的"导入"和"导出"级联菜单，可以分别输入或输出各种格式的文件，如图 1-8 所示。

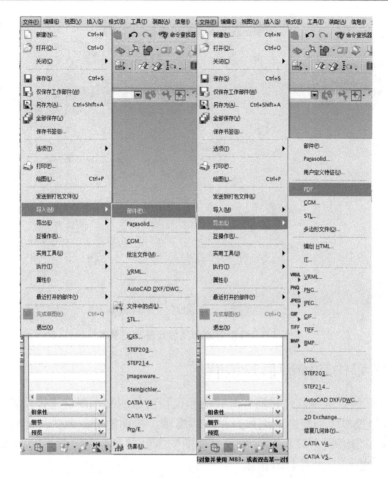

图 1-8 "导入"和"导出"级联菜单

1.3.2 工具条及工具条按钮定制

利用工具条可以方便快捷地执行各种操作。定制工具条使之符合自己的操作需要和习惯，可以大大提高工作效率。

1. 工具条的显示和隐藏

并不是所有的工具条默认都显示出来，需要根据工作要求显示或隐藏某些工具条。在工具条停靠区域的空白处右击，将弹出如图 1-9 所示的快捷菜单，已经显示的工具条前有"√"。单击某个选项，可以显示或隐藏某个工具条。

2. 添加或移除工具条按钮

对于任意一个工具条，并不是所有的按钮都显示出来。用户可以根据需要增加或删除工具条按钮。每一个工具条最右侧(或下端)都有一个下拉按钮，单击该按钮，在弹出的"添加或移除按钮"级联菜单中可以添加或移除工具条的按钮，如图 1-9 所示。

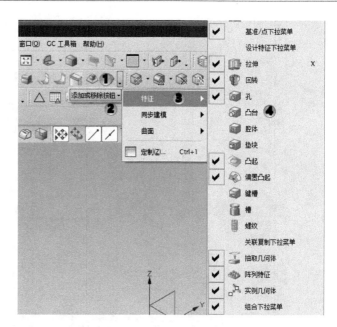

图 1-9　快捷菜单和添加或移除工具条

1.3.3　视图操作和模型显示控制

在应用 NX 的过程中，经常需要对视图和模型对象的显示属性进行控制，以方便进行对象选择和其他操作，如视图的缩放、平移和旋转，视图的着色方式、定向方式，以及对象的显示属性和隐藏状态等。可以利用"视图"下拉菜单中的"操作"级联菜单或"视图"工具条进行操作，如图 1-10 所示。

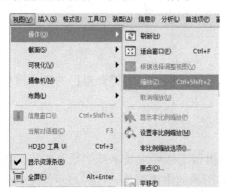

图 1-10　"视图"菜单和"视图"工具条

1. 视图操作

(1) 刷新。

选择"刷新"菜单命令后，系统会更新绘图区的图形显示效果。

(2) 适合窗口。

选择"适合窗口"菜单命令，可以使当前工作区内的对象充满整个显示画面。

(3) 缩放。

可以通过以下 4 种方式对模型视图进行缩放。

① 利用"视图"工具条中的"缩放"按钮。单击该按钮，在需要放大观察的区域按住鼠标左键并拖动，则在开始点和移动的光标之间显示一个矩形线框。松开鼠标左键后，则矩形范围内的对象在视图中最大显示。图 1-11 为放大前后的模型显示对比。

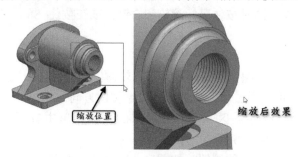

图 1-11　放大前后的模型显示对比

② 利用"缩放视图"对话框。选择　"视图"→"操作"→"缩放"菜单命令，打开如图 1-12 所示的"缩放视图"对话框，可以在"缩放"文本框中输入缩放比例，也可以通过单击 4 个按钮按一定的比例进行缩放。

③ 利用"视图"工具条中的"放大或缩小"按钮。单击该按钮后，按住鼠标左键并上下拖动，则模型以鼠标左键按下时的光标所在点为中心放大或缩小显示。

④ 直接用鼠标操作。前后滚动鼠标滚轮即可放大或缩小视图，该方法操作方便，用户常用。

(4) 旋转。

可以通过以下 3 种方式对视图进行旋转。

① 利用"旋转视图"对话框。选择"视图"→"操作"→"旋转"菜单命令，打开如图 1-13 所示的"旋转视图"对话框，利用该对话框可以将模型沿指定的轴线旋转指定的角度。

图 1-12　"缩放视图"对话框

图 1-13　"旋转视图"对话框

② 利用"视图"工具条中的"旋转"按钮 。单击该按钮后，将鼠标放置于绘图区的不同位置，可以选择不同的固定轴进行旋转。

③ 直接用鼠标操作。按住鼠标滚轮可旋转视图，该方法操作方便，用户常用。

（5）平移。

可以通过以下两种方式对视图进行平移。

① 利用"视图"工具条中的"平移"按钮。单击该按钮后，光标变为平移标志。按住鼠标左键并拖动，即可将模型平移至指定位置。

② 直接用鼠标操作。同时按住鼠标滚轮和右键，或在按住 Shift 键的同时按住鼠标滚轮，均可平移视图。

（6）设置视图方向。

UG NX 提供了 6 种视图：正等测图、正三轴测图、俯视图、前视图、左视图、右视图、后视图和仰视图。可以通过以下两种方式设置视图方向。

① 利用快捷菜单。在绘图区右击，在弹出的快捷菜单中打开"定向视图"级联菜单，设置视图方向，如图 1-14 所示。

② 利用"视图"工具条中的按钮。如图 1-15 所示，"视图"工具条中的视图方向按钮显示为当前的视图方向。该按钮右侧有一个下拉按钮，单击该按钮，则弹出所有的视图方向按钮；单击某个按钮，即可改变视图方向。

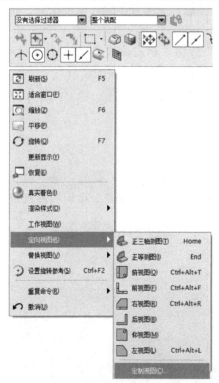

图 1-14　"定向视图"级联菜单

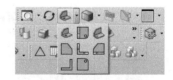

图 1-15　视图方向按钮

2. 模型的渲染样式

模型的渲染样式主要指模型的显示模式。

（1）显示模式控制。

与视图方向的选择操作方式类似，可以通过在绘图区右击，在弹出的快捷菜单"渲染

样式"级联菜单中选择模型的显示方式，如图 1-16 所示。也可以通过"视图"工具条中的
按钮进行选择，如图 1-17 所示。

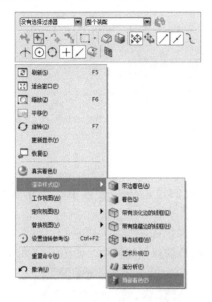

图 1-16　"渲染样式"级联菜单

图 1-17　显示模式按钮

常用的显示方式为线框模式和着色模式。所谓线框模式，是在视图中仅显示模型的边
线；而着色模式是以系统默认或设定的颜色对模型进行渲染。两种模式如图 1-18 所示。

图 1-18　线框模式和着色模式

(2) 隐藏边的显示方式控制。

隐藏边的显示方式即在视图中模型不可见的边的显示方式，有可见、细灰色、虚线和
不可见 4 种。

1.3.4　鼠标操作

在 UG NX 8.5 中使用的鼠标必须是三键鼠标(最好带滚轮)，否则许多操作不能进行。
如图 1-19 所示是各键的主要操作示意图。

中键与其他键结合，还可以完成更多操作。

● 按住鼠标中键并移动，可以任意方向旋转视图中的模型。
● 转动滚轮，可以放大或缩小视图中的模型。
● 按 Ctrl+中键并拖动鼠标，可以放大或缩小视图中的模型。
● 按 Shift+中键并拖动鼠标，可以移动视图中的模型。

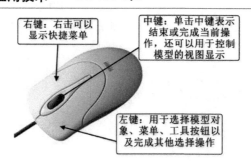

图 1-19　三键的主要操作

1.3.5　点工具

点工具，即用于创建点的对话框。在实体建模的过程中，许多情况下都需要利用"点"对话框来定义点的位置。

选择"插入"→"基准/点"→"点"菜单命令，弹出如图 1-20 所示的"点"对话框。单击"类型"下拉列表框后面的下拉按钮，可以查看所有的点创建类型，如图 1-21 所示。

图 1-20　"点"对话框

图 1-21　点创建类型

选择不同的点创建类型，"点"对话框会显示不同的内容。如图 1-22 所示为选择"交点"方式和选择"点在曲线/边上"方式时的"点"对话框。

图 1-22　各种"点"对话框

在以后的章节中将会频繁使用"点"对话框，这里先介绍其中各选项的含义。系统提供了 13 种点的创建方式，含义如表 1-1 所示。

表 1-1　创建方式

图　标	说　　明
	根据鼠标单击的位置，系统自动推断出创建点
	通过十字光标，在屏幕的任意位置创建一个点，该点位于工作平面上
	在一个存在点上创建一个点
	在存在直线、圆弧、二次曲线及其他曲线的端点上创建一个点
	在几何对象的控制点上创建一个点。控制点与几何对象类型有关，可以是存在点、直线的中点和端点、开口圆弧的端点和中点、圆的中心点、二次曲线的端点和其他曲线的端点
	在两段曲线的交点上、一曲线和一曲面(或一平面)的交点上创建一个点。若两者交点多于一个，系统在最靠近第二个对象处创建一个点；若两段非平行曲线并非实际相交，则创建两者延长线上的相交点
	在选取的圆弧、椭圆或球的中心创建一个点
	在与坐标轴 XC 正向成一定角度(沿逆时针方向测量)的圆弧、椭圆弧上创建一个点
	在一个圆弧、椭圆弧的 4 分点处创建一个点
	在曲线或者是线上创建一个点
	在曲面上创建一个点
	在两点连线的中点创建一个点
	通过表达式创建一个点

1.3.6　矢量工具

矢量工具有时被称为"方向子功能"，用于确定特征或对象的方向。NX 的许多功能需要定义矢量，如圆柱体的轴向、拉伸方向、旋转轴方向等。系统提供了矢量工具。

矢量工具不能单独建立一个矢量，而是在建模过程中根据需要弹出"矢量"对话框，实现对特征或对象的定向，如图 1-23 所示。对话框各选项的说明如表 1-2 所示。

图 1-23　"矢量"对话框及矢量创建类型

表 1-2 矢量创建类型

图 标	矢量方式	矢量描述和构成方法
	自动判断的矢量	相对于选中几何体自动判断矢量，这是一种常用的矢量构成方法
	两点	在任意定义的两点之间定义矢量
	与 XC 成一角度	在 XC-YC 面上按与 XC 轴形成指定的角来定义矢量
	曲线/轴矢量	圆弧所在平面的法向并通过圆心
	曲线上矢量	定义一个相切于曲线上任何一点的矢量。允许编辑矢量原点在曲线上的位置
	面/平面法向	定义一个基准面的法向矢量
	XC 轴	定义一个平行于已有坐标系的 X 轴正向的矢量
	YC 轴	定义一个平行于已有坐标系的 Y 轴正向的矢量
	ZC 轴	定义一个平行于已有坐标系的 Z 轴正向的矢量
	-XC 轴	定义一个平行于已有坐标系的 X 轴负向的矢量
	-YC 轴	定义一个平行于已有坐标系的 Y 轴负向的矢量
	-ZC 轴	定义一个平行于已有坐标系的 Z 轴负向的矢量
	视图方向	定义一个与当前视图垂直的矢量
	按系数	根据系数定义一个矢量
	按表达式	根据表达式定义一个矢量

1.3.7 坐标系的操作

坐标系用于确定特征和对象的方位。UG 共有 3 种坐标系，即绝对坐标系、工作坐标系和基准坐标系，这里主要讲述工作坐标系。

工作坐标系就是当前绘图过程中使用的决定绘图相对位置的坐标系。如绘制一个坐标位于(10,20,10)的点，那么这个(10,20,10)的相对位置就是相对于工作坐标系的位置。UG 工作坐标系的 X、Y、Z 轴分别用 XC、YC、ZC 表示，绝对坐标系的坐标轴用 X、Y、Z 表示。

在一个操作界面中只能有一个工作坐标系，且不可删除(UG 工作坐标系在新创建模型文件时处于隐藏状态，可以通过单击工具条中的"显示 WCS"按钮将其显示出来)，可通过相应的命令调整工作坐标系的位置。例如，选择"格式"→WCS→"动态"菜单命令，便可拖动工作坐标系的坐标轴来移动坐标系，如图 1-24 所示。

WCS 级联菜单中的"原点"命令可调整坐标系的原点，"旋转"命令可用于旋转坐标系，"定向"命令可用于重新定向当前的坐标系。

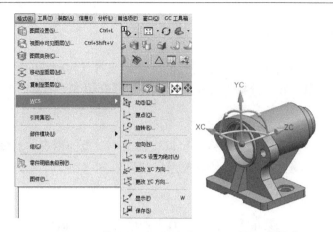

图 1-24　工作坐标系调整命令和坐标系的调整操作

1.3.8　对象选择

对象选择是一个最普遍的操作，下面来介绍选择对象的方法。

(1) 在绘图区单击鼠标可选择对象。选中对象后，默认对象颜色将变为橘黄色。继续单击其他对象，可选择多个对象。此外，使用鼠标在对象周围拖出一个方框，方框内的对象将全部被选中。

(2) 在"部件导航器"面板的"模型历史记录"选项下选择对象，如图 1-25 所示。

(3) 在"编辑"→"选择"级联菜单中提供了多种对象选择方法和类型过滤方法。选择"信息"→"对象"菜单命令，打开如图 1-26 所示的"类选择"对话框，可以设置某些限定条件选择不同种类的对象，从而提高工作效率。

要取消对象的选择，可采取以下几种方法。

(1) 按 Esc 键，可取消全部对象的选择。

(2) 在按住 Shift 键的同时单击，可取消选择单击的对象。

(3) 在按住 Ctrl 键和 Shift 键的同时单击，可在取消当前选择的同时选取光标所指的对象。

图 1-25　选择对象

图 1-26　"类选择"对话框

1.3.9　信息查询与几何分析

在设计过程中，经常要对设计对象进行信息查询或对几何对象的物理特性进行分析，这些工具集成在"信息"和"分析"菜单中。本节主要介绍 NX 最常用的一些分析工具。

1．对象信息

选择"信息"→"对象"菜单命令，可以查询选中对象的图层、对象类型、颜色、几何参数、对象控制点的坐标及对象的依赖关系等信息。

2．点信息

选择"信息"→"点"菜单命令，可以查询选中点的坐标信息。

3．测量距离

选择"分析"→"测量距离"菜单命令，系统打开"测量距离"对话框，可以进行距离、投影距离、屏幕距离、长度和半径等的测量，如图 1-27 所示。

图 1-27　"测量距离"对话框

对话框各选项的说明如下。

- 距离：指定两个对象，测量它们的 3D 距离。
- 投影距离：在指定的矢量方向上，测量两个选定对象的投影距离。
- 屏幕距离：在当前屏幕视图方向的平面中测量 2D 距离。
- 长度：测量选中的曲线/边的长度。
- 半径：测量选中圆弧的半径。
- 直径：测量选中圆弧的直径。
- 点在曲线上：测量沿曲线方向的两点之间的距离。

1.4 三维造型的一般步骤

三维造型的设计主要包括理解设计模型、主体结构造型、零件相关设计及细节特征造型 4 个步骤。

1. 理解设计模型

对主要的设计参数、关键的结构设计和设计约束进行了解。

2. 主体结构造型

找出模型的主体部分和关键部分。在设计过程中，要特别注意模型的关键部分，它在造型过程中起了关键作用。

对于复杂的模型，还应对模型进行分解。当用某个三维特征造型不能满足设计要求时，还必须找出该结构的二维轮廓，通过拉伸、旋转或扫描的方法或者用曲面造型方法来建立模型。

UG 允许在一个实体设计上使用多个特征，这样就可以分别建立多个主结构，然后在设计后期通过布尔运算来完成造型。对于能够确定的设计模型，应该完成造型；对于不能确定的模型，一般留在造型后期完成。

在进行主体结构设计时，一定要注意设计基准的确定。大部分造型过程都是从设计基准开始的，好的设计基准能够为以后的造型和设计过程打下良好的基础。

3. 零件相关设计

UG 允许用户在模型建立完成之后再建立零件之间的参数关系，更直接的方式是造型中间直接引用相关参数。

对复杂的造型特征，应该尽早完成，如果在设计过程中发现了无法实现的问题，应尽快改变局部设计，寻找替代方案。

4. 细节特征造型

在主体结构和基本功能满足的情况下，细节操作应该在设计后期完成，以免延长设计周期。

第2章 体素特征与布尔运算

本章要点

● 掌握体素特征和布尔运算的概念。
● 掌握体素特征和布尔运算的操作方法。

技能要求

● 具备创建体素特征的能力。
● 具备对所创建的体素特征与已经存在实体进行布尔运算的能力。

本章概述

本章介绍体素特征和布尔运算的概念与操作方法。

2.1 体 素 特 征

体素特征一般作为模型的第一特征出现，此类特征具有比较简单的特征形状。利用特征工具，可以比较快速地生成所需的实体模型；对于生成的实体模型，可以通过特征编辑进行快速的更新。

体素特征包括长方体(Block)、圆柱体(Cylinder)、圆锥体(Cone)和球体(Sphere)，如图 2-1 所示。体素特征是以工作坐标系和模型空间点进行定位的，不能与其他几何体建立关联。一般建议体素特征只用于构建简单零件的第一个特征。

图 2-1 体素特征示例

体素特征可以利用"插入"→"设计特征"级联菜单中的菜单命令来建立如图 2-2 所示；或利用"特征"工具条中的有关按钮来建立，如图 2-3 所示。

图 2-2 "设计特征"级联菜单

图 2-3　体素特征工具

2.1.1　长方体

【功能】：利用该工具，根据指定的方向、边长和位置，可直接在绘图区创建长方体。所创建的长方体的面平行于当前工作坐标系的坐标轴。

【操作命令】：

● 菜单命令："插入"→"设计特征"→"长方体"。

● 工具条："特征"工具栏→"长方体"按钮。

【操作说明】：执行上述命令后，打开如图 2-4 所示的"块"对话框。在该对话框的"类型"下拉列表框中可以选择以下 3 种方式创建长方体。

1. 原点和边长

【功能】：通过指定长方体的原点和边长创建长方体，如图 2-5 所示。

【操作说明】：选择该选项后，系统提示指定原点，这时可以利用如图 2-6 所示的"捕捉点"工具条指定长方体的原点，或者选择"确定"系统将坐标原点作为长方体的原点；然后在"长度(XC)"、"宽度(YC)"和"高度(ZC)"文本框中分别输入长方体的长、宽、高的尺寸，并在"布尔"下拉列表框中选择布尔运算方式，最后单击"确定"按钮创建长方体。

图 2-4　"块"对话框

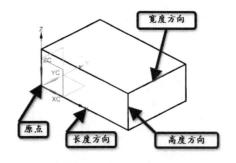

图 2-5　通过原点和边长创建长方体

图 2-6　"捕捉点"工具条

提示：　在操作过程中应该注意状态栏给出的提示信息，这样可以帮助用户进行正确的操作。

若绘图区不存在其他实体特征，应该在"布尔"下拉列表框中选择"无"选项，如图 2-7 所示。

图 2-7　选择"无"选项

2. 两点和高度

【功能】：通过指定长方体底面的两个对角点和长方体的高度创建长方体，如图 2-8 所示。

【操作说明】：选择该选项后，"块"对话框如图 2-9 所示。首先利用如图 2-6 所示的"捕捉点"工具条依次指定长方体底面上的两个对角点，然后在"高度(ZC)"文本框中输入长方体的高度，并在"布尔"下拉列表框中选择布尔运算方式，最后单击"确定"按钮创建长方体。

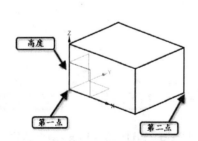

图 2-8　通过两点和高度创建长方体

图 2-9　选择"两点和高度"选项

3. 两个对角点

【功能】：通过指定长方体的两个对角点来创建长方体，如图 2-10 所示。

【操作说明】：选择该选项后，"块"对话框如图 2-11 所示。首先利用如图 2-6 所示的"捕捉点"工具条依次指定长方体的两个对角点，然后在"布尔"下拉列表框中选择布尔运算方式，最后单击"确定"按钮创建长方体。

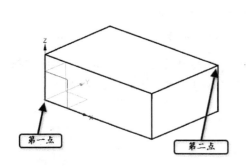

图 2-10　通过两个对角点创建长方体　　　　图 2-11　选择"两个对角点"选项

2.1.2　圆柱体

【功能】：通过指定圆柱的轴线方向、直径和位置创建圆柱。

【操作命令】：

- 菜单命令："插入"→"设计特征"→"圆柱体"。
- 工具条："特征"工具条→"圆柱"按钮 📄。

【操作说明】：执行上述命令后，打开如图 2-12 所示的"圆柱"对话框。在该对话框的"类型"下拉列表框中可以选择以下两种方式创建圆柱体，如图 2-13 所示。

图 2-12　"圆柱"对话框　　　　　　　图 2-13　创建圆柱的类型

1. 轴、直径和高度

【功能】：根据指定的圆柱的轴线方向、底面直径和高度创建圆柱。

【操作说明】：选择如图 2-12 所示的"轴、直径和高度"选项后，在"指定矢量"栏中可单击矢量按钮，通过"矢量"对话框创建圆柱的轴线方向；也可以在视图中直接选择三重轴的任意一轴或基准坐标系的任意一轴如图 2-14(a)所示。指定圆柱轴线的矢量方向后，下一步需要指定圆柱轴线通过的点，在绘图区选择坐标系原点作为圆柱轴线通过的点，如图 2-14(b)所示。

提示： 如果在选择轴的矢量方向时选择的是三重轴的任意轴，则需要在"指定点"栏指定轴通过的点。如果在选择轴的矢量方向时选的是基准坐标系的任意轴，则系统会自动选择坐标系原点作为轴通过的点，不再手动指定点。

然后在"尺寸"栏中输入圆柱体的直径尺寸和高度尺寸，在"布尔"栏中选择合适的布尔运算方法。最后单击"确定"按钮完成圆柱体的创建，如图 2-14(c)所示。

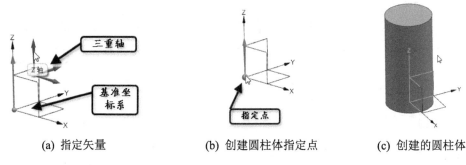

(a) 指定矢量　　　　　　(b) 创建圆柱体指定点　　　　　(c) 创建的圆柱体

图 2-14　创建圆柱体

2. 圆弧和高度

【功能】：根据指定的圆柱的圆弧/圆和高度创建圆柱。

【操作说明】：选择如图 2-12 所示的"圆弧和高度"选项，如图 2-15(a)所示，输入圆柱高度值，选择如图 2-15(b)所示已有草图中的圆或圆弧(可以单击对话框中的"反向"按钮反转圆柱的轴线方向)，最后单击"确定"按钮，得到如图 2-15(c)所示的圆弧。

　　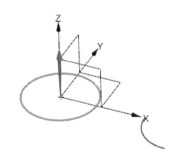　　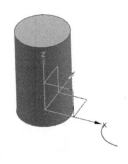

(a) "圆柱"对话框　　　　(b) 预先绘制的圆/圆弧　　　　(c) 创建的圆柱

图 2-15　通过圆弧/圆和高度创建圆柱

2.1.3　圆锥

【功能】：通过指定圆锥的轴线方向、底面和顶面直径、位置生成圆锥/圆台。

【操作命令】：

● 菜单命令："插入"→"设计特征"→"圆锥"。

● 工具条："特征"工具条→"圆锥"按钮 △。

【操作说明】：执行上述命令后，打开如图 2-16(a)所示的"圆锥"对话框，在该对话框的"类型"下拉列表框中可以选择如图 2-16(b)所示的 5 种方式创建圆锥。

(a) "圆锥"对话框　　　　　　　　　　　　(b) 圆锥创建种类

图 2-16　创建圆锥

1. 直径和高度

【功能】：根据指定的直径和高度创建圆锥/圆台。

【操作说明】：选择如图 2-17(a)所示的"直径和高度"选项后，在"指定矢量"栏选择圆锥/圆台的轴线方向(可以选择三重轴中的 Z 方向或选择基准坐标系中的 Z 轴)，在"指定点"栏选择坐标系的原点，然后输入圆锥/圆台的尺寸参数，选择合适的布尔运算，最后单击"确定"按钮创建圆锥/圆台，如图 2-17(b)所示。

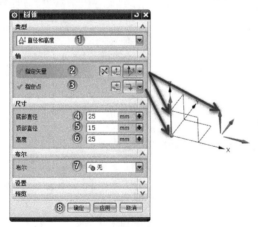

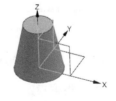

(a) "圆锥"对话框　　　　　　　　　　　　(b) 圆锥/圆台创建效果

图 2-17　通过直径和高度创建圆台

2. 直径和半角

【功能】：根据指定的底面直径、顶面直径和圆锥半角创建圆锥/圆台。

【操作说明】：该方法与"直径和高度"方法的操作过程类似，输入参数和最终效果如图 2-18 所示。

3. 底部直径，高度和半角

【功能】：根据指定的底部直径、高度和半角创建圆锥/圆台。

【操作说明】：该方法与"直径和高度"方法的操作过程类似，输入参数和最终效果如图 2-19 所示。

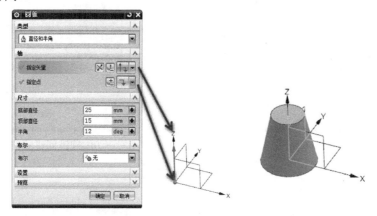

图 2-18　通过直径和半角创建圆台

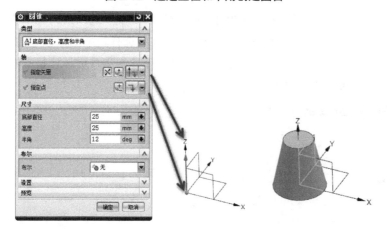

图 2-19　通过底部直径、高度和半角创建圆台

4. 顶部直径，高度和半角

【功能】：根据指定的顶部直径、高度和半角创建圆锥/圆台。

【操作说明】：该方法与"直径和高度"方法的操作过程类似，输入参数和最终效果如图 2-20 所示。

5. 两个共轴的圆弧

【功能】：根据指定的两个共轴的圆弧创建圆锥/圆台。

【操作说明】：选择"两个共轴的圆弧"选项后，打开如图 2-21 所示的对话框，依次选择已存在的两个共轴的圆弧/圆后，会根据所选的两个共轴的圆弧/圆为顶面和底面创建圆锥/圆台。

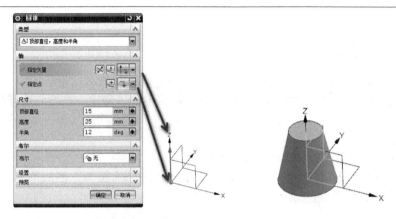

图 2-20　通过顶部直径、高度和半角创建圆台

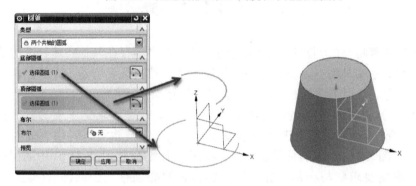

图 2-21　通过两个共轴的圆弧创建圆台

2.1.4　球

【功能】：通过指定球心和直径来创建球体。

【操作命令】：

● 菜单命令："插入"→"设计特征"→"球"。

● 工具条："特征"工具条→"球"按钮。

【操作说明】：执行上述命令后，打开"球"对话框。在该对话框的"类型"下拉列表框中可以选择如图 2-22 所示的"中心点和直径"和"圆弧"两种方式创建球。

图 2-22　"球"对话框

1. 中心点和直径

【功能】：根据指定的圆心和直径创建球体。

【操作说明】：选择"中心点和直径"选项后，在打开的对话框的"中心点"栏中指定球心的位置，在"尺寸"栏中输入球的直径，最后单击"确定"按钮完成球体的创建。

2. 圆弧

【功能】：根据指定的圆/圆弧创建球体。

【操作说明】：选择"圆弧"选项后，选择已存在的圆/圆弧，然后单击"确定"按钮创建以所选圆/圆弧为母线的球体。

2.2 布 尔 运 算

前面所述的体素特征的创建过程为当前的部件文件中不存在其他实体特征的情况下的操作。如果存在其他实体特征，如已存在一个长方体，然后又要创建一个圆柱，则在完成创建圆柱的过程中，就要求选择布尔运算的类型，进行布尔操作。

布尔运算功能一般用于实体的联合操作，包括求和、求差和求交 3 种方式。在实体建模中，通常在特征创建对话框中选择布尔操作的方式。用户也可以利用"插入"→"组合"级联菜单(见图 2-23(a))中的菜单命令或"特征"工具条(见图 2-23(b))中的相关按钮进行布尔操作。系统要求参与布尔运算的原始实体之间必须存在公共部分(至少一个面重合)，具体操作方式如图 2-24 所示。

- 求和(Unite)：将两个或多个实体合并成为单个实体。
- 求差(Subtract)：将工具体从目标体中移除。
- 求交(Intersect)：生成两个体的公共部分的体积。

执行布尔运算之后，原来的实体被删除而生成新的实体。如果需要保留它们，则应在布尔运算对话框中选中"保存工具"和/或"保存目标"复选框。

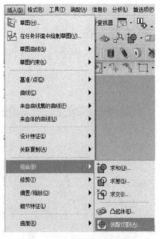

(a) "组合"级联菜单

(b) "特征"工具条

图 2-23 布尔运算命令

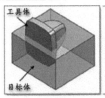

(a) 原始模型 (b) 求和运算 (c) 求差运算 (d) 求交运算

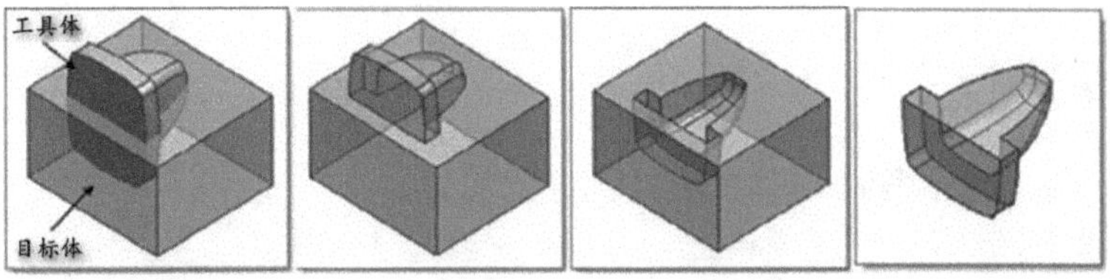

图 2-24 布尔运算

布尔运算选项也会出现在某些设计特征的选项菜单中，这时会多一个"无"选项，用户可以选择是否进行布尔运算，如拉伸、旋转等。但需要注意的是，集成在某个命令中的布尔运算选项在很多情况下不能被编辑(只有拉伸命令可以在 3 种布尔运算中进行切换)。

2.2.1 布尔运算"无"

创建独立实体时，在某些对话框中会显示该选项，如"块"对话框。选择该选项，会创建独立的实体，新创建的实体变为目标体。

2.2.2 求和

【功能】：将两个或多个实体合并成为单个实体。

【操作命令】：

● 菜单命令："插入"→"组合"→"求和"。

● 工具条："特征"工具条→"求和"按钮。

【操作说明】：执行上述命令后，打开如图 2-25 所示的"求和"对话框。首先选择目标体，然后选择一个或多个工具体，最后单击"确定"按钮合并实体。在该对话框中可以，选中"保存工具"复选框和"保存目标"复选框，以保存工具体和目标体。如图 2-24(b)所示就是进行布尔求和运算的操作结果。

图 2-25 "求和"对话框

🖝 提示： 每个布尔运算都要指定一个目标体和一个或多个工具体。目标体被工具体所修改，而工具体在操作后成为目标体的一部分。

2.2.3 求差

【功能】：从一个目标体中减去一个工具体。

【操作命令】：

● 菜单命令："插入"→组合"→"求差"。

● 工具条："特征"工具条→"求差"按钮。

【操作说明】：执行上述命令后，打开如图 2-26(a)所示的"求差"对话框，其操作过程与"求和"操作类似。如图 2-24(c)所示为求差运算的操作结果。

2.2.4 求交

【功能】：生成包含两个实体的公共部分的实体。

【操作命令】：

● 菜单命令："插入"→"组合"→"求交"。

● 工具条："特征"工具条→"求交"按钮。

【操作说明】：执行上述命令后，打开"求交"对话框，如图 2-26(b)所示，其操作过程与"求和"操作类似。如图 2-24(d)所示为求差运算的操作结果。

(a) "求差"对话框　　　　　　　(b) "求交"对话框

图 2-26　"求差"和"求交"对话框

提示：　以上介绍的是在独立进行布尔运算操作情况下进行求和、求差、求交 3 种布尔操作的过程。若在特征创建过程中进行布尔运算，则已存在的实体为目标体，新建的实体为工具体。

2.3　体素特征与布尔运算范例解析

2.3.1 接头创建范例

接头范例最终效果如图 2-27 所示。

1. 创建新部件文件

启动 UG NX，选择 "文件"→"新建"菜单命令，在打开的"新建"对话框中选择目录，建立新部件文件 jietou.prt，"单位"为毫米，新建类型为"建模"，单击"确定"按钮进入建模应用模块。

2. 创建长方体

选择"插入"→"设计特征"→"长方体"菜单命令，在打开的"块"对话框的"类型"下拉列表框中选择"原点和边长"选项，在"原点"栏中指定坐标系的原点，输入长方体的长、宽、高参数均为100毫米，单击"确定"按钮创建长方体。

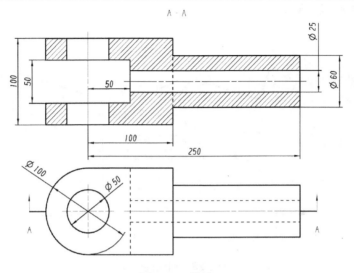

图 2-27 接头

在绘图区中右击，在弹出的快捷菜单中选择"定向视图"→"正三轴测图"命令，设置视图方向为正三轴测图。同样，在快捷菜单中选择"渲染样式"→"静态线框"命令。对话框和效果如图 2-28 所示。

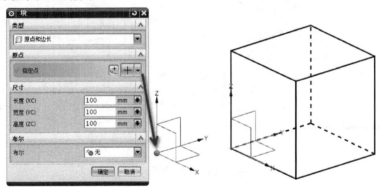

图 2-28 长方体

3. 创建圆柱

选择"插入"→"设计特征"→"圆柱"菜单命令，在打开的"圆柱"对话框的"类型"下拉列表框中选择"轴、直径和高度"选项，在"轴"栏中指定如图 2-29(a)所示的矢量方向，在"指定点"栏中指定如图 2-29(a)的所示的边中点，布尔运算选择"求和"，设置圆柱的直径和高度均为 100 毫米，单击"确定"按钮，得到如图 2-29(b)所示的结果。

4. 通过减去圆柱形成圆孔

选择"插入"→"设计特征"→"圆柱"菜单命令，在打开的"圆柱"对话框的"类型"下拉列表框中选择"轴、直径和高度"选项，如图 2-30(a)所示，在"轴"栏中指定矢量和点，在指定点时选择上一步创建的圆柱的下部圆弧，即可将指定点放在圆弧中心。选择布尔运算类型为"求差"，设置圆柱的"直径"为 50 毫米、"高度"为 100 毫米，单击"确定"按钮。结果如图 2-30(b)所示。

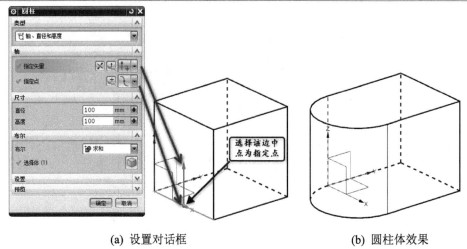

(a) 设置对话框 (b) 圆柱体效果

图 2-29　创建圆柱体

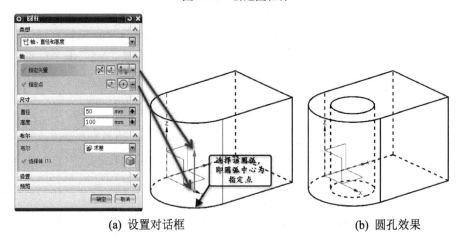

(a) 设置对话框 (b) 圆孔效果

图 2-30　创建圆孔

5. 通过减去长方体形成矩形槽

选择"插入"→"设计特征"→"长方体"菜单命令，在打开的 "块"对话框的"类型"下拉列表框中选择"原点和边长"选项。单击"原点"栏中的"点对话框"按钮，如图 2-31 所示，打开如图 2-32 所示的"点"对话框。设置 X 为 0、Y 为-50、Z 为 25，即设置长方体的角点坐标为(0，-50，25)。单击"确定"按钮，回到"块"对话框中，设置长方体的参数。"长度(XC)"为 100 毫米、宽度(YC)"为 100 毫米、"高度(ZC)"为 50 毫米，在"布尔"下拉列表框中选择"求差"选项，单击"确定"按钮完成开槽，得到的模型如图 2-33 所示。

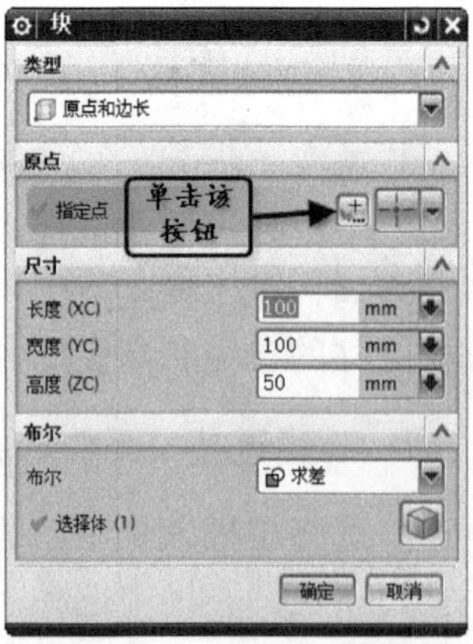

6. 创建轴线为水平方向的圆柱

选择"插入"→"设计特征"→"圆柱"菜单命令，打开

图 2-31　"块"对话框

如图 2-34 所示的"圆柱"对话框，在"类型"下拉列表框中选择"轴、直径和高度"选

项，在"轴"栏中指定 Y 轴方向为轴的矢量方向。单击"点对话框"按钮，打开如图 2-35 所示的"点"对话框，指定坐标值 XC 为 50、YC 为 100、ZC 为 50 单击"确定"按钮完成点的指定。回到"圆柱"对话框，设置圆柱的"直径"为 60 毫米、"高度"为 150 毫米，选择布尔运算为"求和"，单击"确定"按钮，完成圆柱体的创建，如图 2-36 所示。

图 2-32　"点"对话框设置

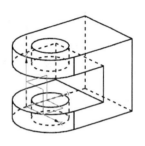

图 2-33　开槽后的实体

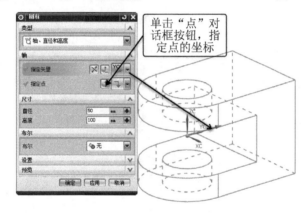

图 2-34　"圆柱"对话框设置

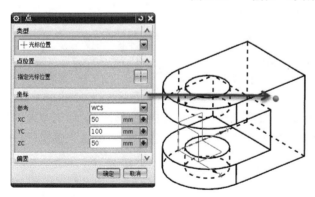

图 2-35　"点"对话框设置

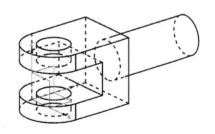

图 2-36　创建水平圆柱

7. 通过在右侧圆柱减去圆柱形成圆孔

选择"插入"→"设计特征"→"圆柱"菜单命令，打开如图 2-37 所示的"圆柱"对话框，在"类型"下拉列表框中选择"轴、直径和高度"选项，在"轴"栏中指定 Y 轴方向并单击"反向"按钮作为轴的矢量方向，选择图 2-37 中的圆弧边，捕捉该圆弧的圆心作为指定点。设置圆柱的"直径"为 25 毫米、"高度"为 200 毫米，选择布尔运算为"求差"，单击"确定"按钮完成圆柱体的创建，如图 2-38 所示。

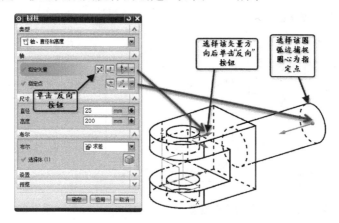

图 2-37 创建圆柱体

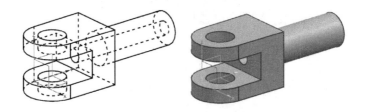

图 2-38 完成的模型

8. 保存文件

选择 "文件"→"关闭"→"保存并关闭"菜单命令，保存并关闭部件文件。

2.3.2 手柄创建范例

手柄范例最终效果如图 2-39 所示。

1. 创建新部件文件

启动 UG NX，选择"文件"→"新建"菜单命令，在打开的"新建"对话框中选择目录，建立新部件文件 shoubing.prt，单位为毫米，选择类型为"建模"，单击"确定"按钮进入建模应用模块。

2. 创建圆台

选择"插入"→"设计特征"→"圆锥"菜单命令，在打开的"圆锥"对话框的"类型"下拉列表框中选择"直径和高度"选项，在"轴"栏中指定矢量为 YC 轴，指定点时选择坐标系的原点。在"尺寸"栏中设置圆台的"底部直径"为 11mm、"顶部直径"为 14mm、"高度"为 1.5mm，单击"确定"按钮完成圆台的创建，如图 2-40 所示。

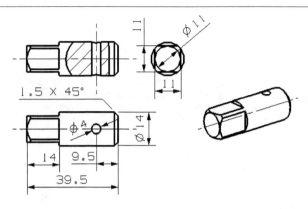

图 2-39　手柄

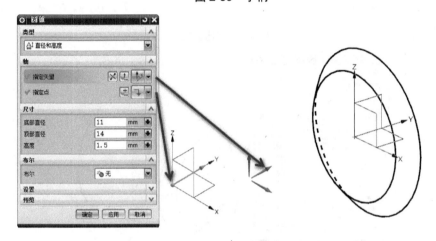

图 2-40　创建圆台

3. 创建圆柱

选择"插入"→"设计特征"→"圆柱"菜单命令，打开如图 2-41(a)所示的"圆柱"对话框，在"类型"下拉列表框中选择"圆弧和高度"选项，在"圆弧"栏中指定圆台的大圆弧，再单击"反向"按钮得到图中的矢量方向。设置圆柱的"高度"为 12.5mm，选择布尔运算为"求和"，单击"确定"按钮完成圆柱体的创建，如图 2-41(b)所示。

4. 创建长方体

选择"插入"→"设计特征"→"长方体"菜单命令，打开如图 2-42 所示的"块"对话框，在"类型"下拉列表框中选择"原点和边长"选项，单击"原点"栏中的"点"对话框按钮，打开如图 2-43 所示的"点"对话框，设置 X 为-5.5、Y 为 0、Z 为-5.5，即设置长方体的角点坐标为(-5.5, 0, -5.5)。单击"确定"按钮，回到"块"对话框，设置长方体的参数"长度(XC)"为 11mm、"宽度(YC)"为 14mm、"高度(ZC)"为 11mm，在"布尔"下拉列表框中选择"求交"选项，单击"确定"按钮，得到的模型如图 2-44 所示。

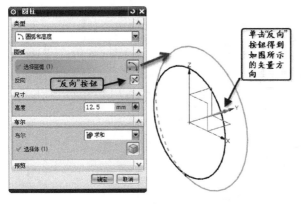

(a) 对话框设置　　　　　　　　　　　(b) 圆柱效果

图 2-41　创建圆柱

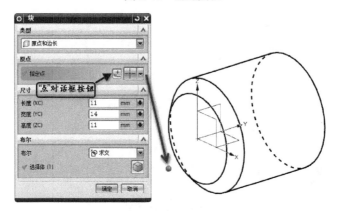

图 2-42　"块"对话框设置

图 2-43　"点"对话框

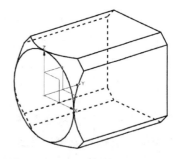

图 2-44　创建的模型

5. 创建圆柱

选择"插入"→"设计特征"→"圆柱"菜单命令，打开如图 2-45 所示的"圆柱"对话框，在"类型"下拉列表框中选择"圆弧和高度"选项，在"圆弧"栏中选择图中的圆弧，再单击"反向"按钮得到图中的矢量方向。设置圆柱的"高度"为 24mm，选择布尔运算为"求和"，单击"确定"按钮完成圆柱体的创建，如图 2-46 所示。

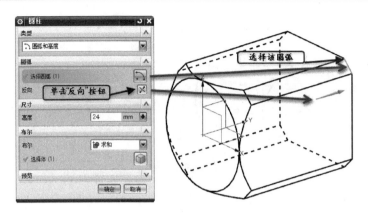

图 2-45　"圆柱"对话框设置

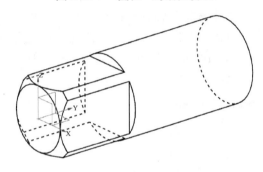

图 2-46　创建的模型

6. 创建圆台

选择"插入"→"设计特征"→"圆锥"菜单命令，在打开的"圆锥"对话框的"类型"下拉列表框中选择"底部直径，高度和半角"选项，在"轴"栏中指定矢量为 Y 轴方向，指定点时选择右边圆弧的圆心。在"尺寸"栏中设置圆台的"底部直径"为 14mm、"高度"为 1.5mm、"半角"为 45°，如图 2-47 所示。单击"确定"按钮完成圆台的创建，模型效果如图 2-48 所示。

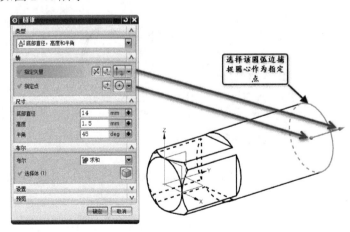

图 2-47　"圆锥"对话框设置

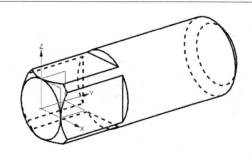

图 2-48　创建的模型

7. 创建圆柱

选择"插入"→"设计特征"→"圆柱"菜单命令，打开如图 2-49 所示的"圆柱"对话框，在"类型"下拉列表框中选择"轴、直径和高度"选项，在"轴"栏中指定矢量方向为 Z 轴方向。单击"点对话框"按钮，指定点的坐标值为(0，30，-7)。设置圆柱的"直径"为 4mm、"高度"为 14mm，选择布尔运算为"求差"。单击"确定"按钮完成圆柱体的创建，如图 2-50 所示。

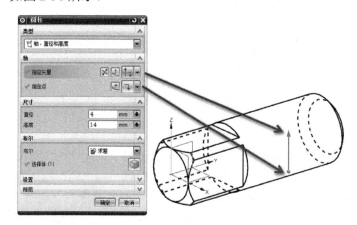

图 2-49　"圆柱"对话框

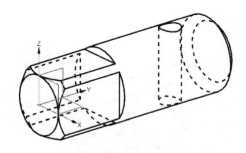

图 2-50　创建的模型

8. 保存文件

选择"文件"→"关闭"→"保存并关闭"菜单命令，保存并关闭部件文件。

习　题

2-1　创建如图所示的零件模型。

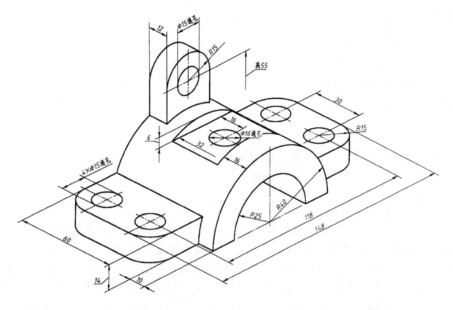

2-2　创建如图所示的零件模型。

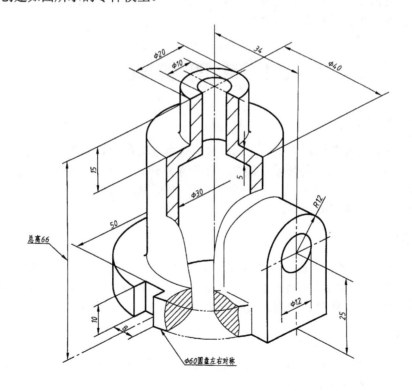

第3章 草 图

本章要点

- 掌握草图的基本操作与编辑。
- 掌握草图的标注方法。
- 掌握草图的约束方法。

技能要求

- 具备正确绘制草图的能力。
- 具备为草图添加几何约束的能力。
- 具备为草图添加尺寸约束的能力。

本章概述

本章介绍草图管理、草图曲线、草图操作、草图约束和草图参数设置等内容。

草图是与实体模型相关联的二维模型，一般作为三维实体模型的基础截面，以特征形式存在。在 UG NX 中，可以在三维空间的任何一个平面中建立草图平面，并在该平面内绘制草图。

草图中的图形对象可以通过几何约束与尺寸约束控制。应用草图工具，用户可以绘制近似的曲线轮廓，在添加精确约束之后，就可以精确表达设计意图。建立的草图还可以用实体造型工具进行拉伸、旋转和沿轨迹扫描等操作，生成与草图相关联的实体模型。修改草图时，关联的实体模型也会自动更新。

3.1 草 图 管 理

3.1.1 创建草图

创建草图包括建立草图附着平面、选择水平参考方向及命名草图。

选择"插入"→"在任务环境中绘制草图"菜单命令或单击"特征"工具条中的"在任务环境中绘制草图"按钮，打开"创建草图"对话框，如图 3-1 所示。

对话框中有关选项说明如下。

1. 类型

类型是指草图的放置位置，有"在平面上"和"基于路径"两种，如图 3-2 所示。"在平面上"类型创建的草图将放置在一个平面上，可以是零件的表面或者是基准平面。"基于路径"类型是指将草图平面放置在一条曲线上。

2. 草图平面

草图平面的创建类型有如图 3-3 所示的 4 种，一般情况选择"自动判断"，然后选择要放置草图的平面或基准平面即可。

3. 草图方向

"草图方向"栏用来设置草图是水平参考方向还是竖直参考方向，如图 3-4 所示。

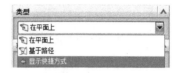

图 3-1 "创建草图"对话框 图 3-2 草图放置类型

4. 草图原点和设置

"草图原点"栏用来设置草图的原点位置，即进入草图后标注尺寸时的参考位置，如图 3-5 所示。选中"设置"栏中的"投影工作部件原点"复选框，既进入草图后，系统会自动选取零件原点在草图上的投影点作为草图原点，这也是大部分情况下推荐使用的设置。

图 3-3 草图平面创建类型 图 3-4 草图方向 图 3-5 草图原点和设置

在"草图平面"栏的"平面方法"下拉列表中选择"创建平面"，在"指定平面"下拉列表框中选择 XC-YC 基准平面，最后单击"确定"按钮进入草绘环境，如图 3-6 所示。

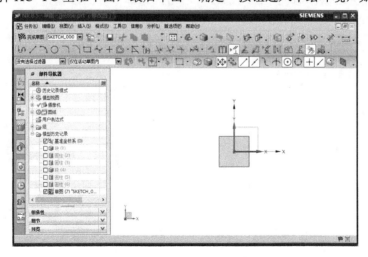

图 3-6 草图绘制环境

如图 3-6 所示的草图绘制环境显示了系统默认的草图名称，如 SKETCH_000、SKETCH_001 等。用户可以在"草图名"文本框中输入草图名称，否则系统将使用默认的名称。

提示： 定义草图名称时，第一个字符必须是字母，且系统会将输入的名称改为大写。

单击下拉列表框右侧的下拉按钮，系统会弹出草图列表，其中列出了当前部件文件中所有的草图名称。

提示： 同一个部件文件只允许一个草图是激活的。在草图列表中激活选择的草图，使其成为当前工作草图，则原工作草图自动退出工作状态。

综上所述，新建草图的过程如下。
(1) 单击"特征"工具条中的"在任务环境中绘制草图"按钮。
(2) 在弹出的"创建草图"对话框中选择附着平面。
(3) 单击"确定"按钮，进入草图绘制环境。
(4) 在草图绘制环境中，可以重命名草图，以及编辑曲线图形。

3.1.2　编辑草图

切换已有草图的方法如下。

(1) 单击"特征"工具条中的"在任务环境中绘制草图"按钮，进入创建草图模式，"草图"工具条被激活；单击草图名称下拉列表框右侧的下拉按钮，弹出下拉列表中列出了现有草图的名称，单击草图名，就可以进入该草图进行编辑，如图 3-7 所示。

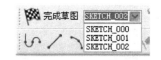

图 3-7　进入已存在的草图

(2) 在部件导航器的特征树中双击草图名称，可激活所选草图进行相关的草图操作，如图 3-8 所示。
(3) 在绘图区用鼠标捕捉草图轮廓线，右击，选择"可回滚编辑"命令后，进入该草图进行相关编辑操作，如图 3-9 所示。

图 3-8　在部件导航器中激活草图

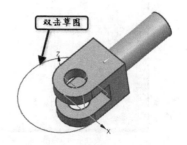

图 3-9　在绘图区激活草图

3.2　草图曲线及草图操作

3.2.1　草图曲线

在草图环境中可以绘制各种曲线。绘制草图曲线，可以通过"插入"菜单或如图 3-10 所示的"草图曲线"工具条来实现。

图 3-10　"草图曲线"工具条

"草图曲线"工具条中各工具按钮的有关说明如下。

1. 轮廓

当需要绘制的草图对象是直线和圆弧首尾相接时，可以利用轮廓工具快速绘制。

选项和动态输入栏如图 3-11 所示。轮廓工具的默认绘制方式为直线。可以直接单击相应按钮来切换作图方式，也可以通过拖动鼠标来进行切换。在连续绘制模式下，从直线切换到圆弧方式或从圆弧切换为直线方式时，可以通过象限符号⊗确定圆弧的产生方向。

如图 3-12 所示，在曲线产生方向上的两个象限①②表示相切区域，象限③④表示垂直区域。将光标放在某一个象限内，然后按顺时针或逆时针方向将光标移出象限，可以控制圆弧的方向。如果将光标从一个相切象限中移出，圆弧将以在端点处与直线或圆弧相切的方向延伸；如果将光标从一个垂直象限中移出，圆弧将以在端点处与直线或圆弧垂直的方向延伸。

如果圆弧的方向错误，需要预选直线或圆弧的端点，然后从正确的象限移出光标。绘制圆弧之后，系统自动切换为直线方式；如果需要连续绘制圆弧，可以使用鼠标右键双击轮廓工具选项中的圆弧按钮。

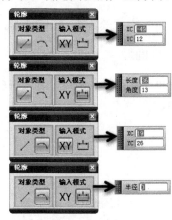

图 3-11　轮廓工具的选项和动态输入栏

☞ **提示：**　利用象限符号控制圆弧的方向，仅适用于连续绘图模式。

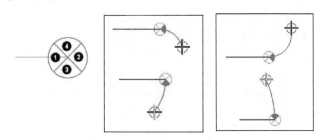

图 3-12　轮廓工具的象限符号

如图 3-13 所示为利用轮廓工具创建的图形。

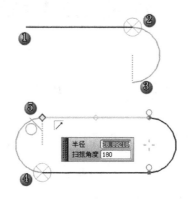

图 3-13　利用轮廓工具绘制草图

提示：　在绘制曲线的过程中，将光标移动到某一曲线附近时会在光标附近显示捕捉方式。利用该捕捉方式，可以快速、准确地绘制曲线。各捕捉方式与"点构造器"对话框中各点的捕捉方式相同。

2. 直线

单一方式绘制直线，与轮廓工具中的直线功能相同。

3. 圆弧

单一方式绘制圆弧。有两种绘制方法：三点圆弧⌒和圆心、端点圆弧⌒。示例如图 3-14 所示。

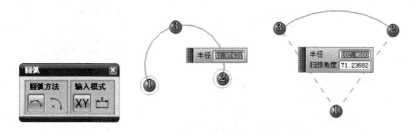

图 3-14　绘制"三点"圆弧和"圆心、端点"圆弧

4. 圆

圆的绘制包括两种方式：圆心和半径◉和三点圆◉。

5. 派生直线

(1) 偏置直线：选择一条基线，移动光标至需要的位置，再次单击左键放置直线。也可以输入偏置值。如果要从同一根基线偏置多条直线，需要按住 Ctrl 键来选择基线。

(2) 平行直线：依次选择两条平行线、可以在两条平行线中间创建一条与这两条直线平行的直线。

(3) 角平分线：依次选择两条非平行直线，可以在这两条直线之间创建一条角平分线。

6．快速修剪

快速修剪工具可以修剪曲线至最近的交点。当将光标置于曲线上时，系统会预览修剪结果。对于修剪操作，做以下几点说明。

(1) 可以直接删除没有与其他曲线形成交叉的曲线。

(2) 按住并拖动鼠标左键可以打开蜡笔工具，快速修剪多条曲线，与蜡笔轨迹相交的部分被修剪，如图 3-15 所示。

(3) 快速修剪能自动寻找相交边界，但可以使用 Ctrl+鼠标左键选择新的曲线作为边界，此时自动边界功能失效。

7．快速延伸

快速延伸工具用于延伸曲线至邻近的另一条曲线。其用法与快速修剪工具类似，但应注意，快速延伸曲线必须得到实际的交点，否则无效。曲线延伸一般自动创建"点在曲线上"约束。

8．圆角

圆角工具用于在两条或三条曲线之间创建一个圆角，最常用的是两曲线圆角。曲线倒圆角后自动创建相切和重合约束。圆角工具的选项如图 3-16 所示。

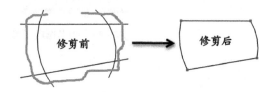

图 3-15　快速修剪多条曲线 　　　　图 3-16　圆角工具的选项

(1) 修剪与不修剪效果，如图 3-17 所示。

(2) 移动光标可以预览圆角并决定其尺寸和位置，通过输入半径值指定圆角大小。

可以使用多种方式产生两曲线圆角。

(1) 选择交点，然后移动光标以改变圆角的尺寸或者圆角所在的象限，如图 3-18 所示。

(2) 分别选择两条曲线，移动光标以改变圆角的尺寸或者圆角所在的象限，如图 3-19 所示。

图 3-17　圆角修剪与不修剪 　　　　图 3-18　选择交点方式

(3) 按住并拖动鼠标左键，使用蜡笔工具跨过两条曲线，圆角在释放鼠标左键后产生，与第一条曲线的交点决定圆角的尺寸，如图 3-20 所示。

| 图 3-19　选择两曲线方式 | 图 3-20　使用蜡笔工具 |

创建互补圆角：在预览圆角时，按 Page Up/Page Down 键可以切换互补圆角，也可以单击左键选择圆角工具选项中的"创建备选圆角"按钮◌来实现，如图 3-21 所示。

9. 矩形

通过单击"绘制矩形"按钮▢，打开如图 3-22 所示的"矩形工具条"选项，有以下 3 种创建矩形的方法，如图 3-23 所示。

(1) 按 2 点：通过两对角点绘制矩形，用坐标给定或者用指针直接选取两点创建矩形。

(2) 按 3 点：通过 3 点绘制矩形，用坐标给定或者用指针直接选取 3 点创建矩形。

(3) 从中心：先指定矩形中心点，然后通过给定宽度、高度和角度的值创建矩形。

| 图 3-21　互补圆角 | 图 3-22　矩形选项工具 |

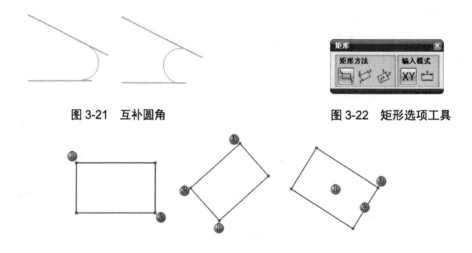

图 3-23　绘制矩形的 3 种方式

10. 样条曲线

通过单击"艺术样条"按钮～，打开"艺术样条"对话框，如图 3-24(a)所示，创建效果如图 3-24(b)、(c)所示。

11. 点

选择"插入"→"点"菜单命令或"草图曲线"工具条中的"点"按钮，打开"草图点"对话框，可以通过各种方式绘制点，如图 3-25 所示。

12. 椭圆

选择"插入"→"椭圆"菜单命令或单击"草图曲线"工具条中的"椭圆"按钮，打开如图 3-26(a)所示的"椭圆""草图点"对话框，单击"中心"栏中的"点构造器"按钮，利用该对话框指定椭圆的圆心后，返回"椭圆"对话框，为椭圆设置参数后，单击"确定"按钮，绘制椭圆。椭圆的绘制方法如图 3-26(b)所示。

(b)　"通过点"创建的艺术样条

(a)　"艺术样条"对话框　　　(c)　"根据极点"创建的艺术样条

图 3-24　"艺术样条"对话框和艺术样条　　　图 3-25　"草图点"对话框

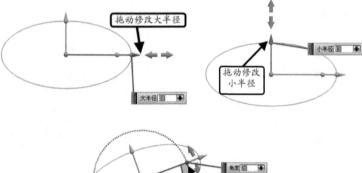

(a)　"创建椭圆"对话框　　　　　　(b)　椭圆的绘制方法

图 3-26　"椭圆"对话框和绘制的椭圆

3.2.2　草图操作

通过"编辑"和"插入"菜单中的相关命令，可以对草图进行必要的操作。

1. 镜像

NX 使用镜像功能来制作轴对称草图，镜像后的草图与原始草图具有相同的约束。
镜像草图的一般操作步骤如下。

(1) 在"草图"工具条单击如图 3-27(a)所示的"镜像曲线"按钮，打开如图 3-27(b)所示的"镜像曲线"对话框，在绘图区选择镜像曲线。

(2) 单击"镜像曲线"对话框中的"选择中心线"按钮，在绘图区选择需要镜像的中心线，然后单击"应用"或"确定"按钮。如果选择直线作为镜像中心线，则镜像完成后自动转化为"参考"对象。图 3-27(c)所示为镜像曲线操作的一个实例。

(a) "镜像曲线"按钮的位置

(b) "镜像曲线"对话框

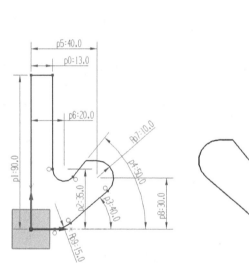

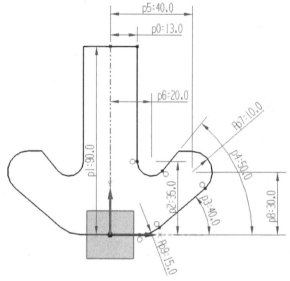

(c) 镜像曲线操作实例

图 3-27　镜像

2. 偏置曲线

偏置曲线的功能是通过设定偏置距离来偏置已存在的曲线。

偏置曲线的一般步骤如下。

(1) 在"草图操作"工具条中单击"偏置曲线"按钮 。

(2) 选择需要偏移的草图对象。

(3) 设置偏移距离。

提示： 偏置的方向如果和图示的箭头方向相同，就输入正值，否则就输入负值。

(4) 单击"偏置曲线"对话框中的"确定"按钮。

图 3-28 所示为偏置曲线的一个示例。

3. 投影

投影用于将外部的对象沿草图平面的法向投影在当前草图平面的一种方法。可用于投影的对象包括曲线、边缘、表面和点等。

草图投影的一般步骤如下：

(1) 在"草图"工具条中单击"草图投影"按钮，打开"投影曲线"对话框，如图 3-29 所示。

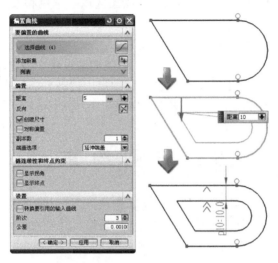

图 3-28　偏置曲线操作

(2) 在绘图区选择需要投影的对象。

(3) 设置投影参数，如关联性、输出的曲线类型等。

(4) 单击"确定"按钮完成投影。

图 3-30 所示为草图投影的一个示例。

图 3-29　"投影曲线"对话框　　　　　　图 3-30　草图投影

各命令的含义：

(1) 几何约束：由用户对选取的对象手工指定约束。

(2) 设为对称：将两个点或曲线约束为相对于草图上的对称线对称。

(3) 显示草图约束：单击该按钮，系统将在绘图区显示草图中已经建立的几何约束。

(4) 自动约束 ：设置自动施加于草图的几何约束类型。

(5) 自动标注尺寸 ：根据设置的规则在曲线上自动创建尺寸。

(6) 显示/移除约束 ：单击该按钮，系统弹出"显示/移除"对话框。利用该对话框可以显示当前已存在的几何约束，也可以删除不需要的几何约束。

(7) 转换至/自参考对象 ：根据起到的作用不同，一般把草图对象分为两类，即活动对象和参考对象。活动对象是指影响整个草图形状的曲线或尺寸约束，用于实体创建；参考对象是指起辅助作用的曲线或尺寸约束，在绘图区以暗颜色和双点划线显示，不参与实体创建。

(8) 备选解 ：备选尺寸或几何约束解算方案。

(9) 自动判断约束和尺寸 ：约束或尺寸在曲线构造过程中被自动判断。

(10) 创建自动判断约束 ：在曲线构造过程中启用自动判断约束。

(11) 连续自动标注尺寸 ：在曲线构造过程中启用自动标注尺寸。

3.3　草　图　约　束

在绘制草图曲线后，需要用几何约束确定其形状，用尺寸约束其大小。

可通过"插入"、"工具"菜单中的"约束"级联菜单或如图 3-31 所示的 "草图约束"工具条来创建和编辑草图约束。

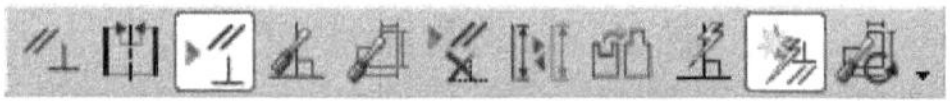

图 3-31　"草图约束"工具条

3.3.1　几何约束

1. 创建几何约束

几何约束用于确定草图对象的几何特征和草图对象间的相互关系。当需要建立几何约束时，选择需要施加约束的曲线，然后从弹出的快捷工具条中选择需要的几何约束图标。系统仅显示可能添加到当前选中曲线的约束，如图 3-32 所示。也可以在选择的对象上单击鼠标左键，弹出如图 3-33 所示的快捷菜单，选择其中的命令创建约束。

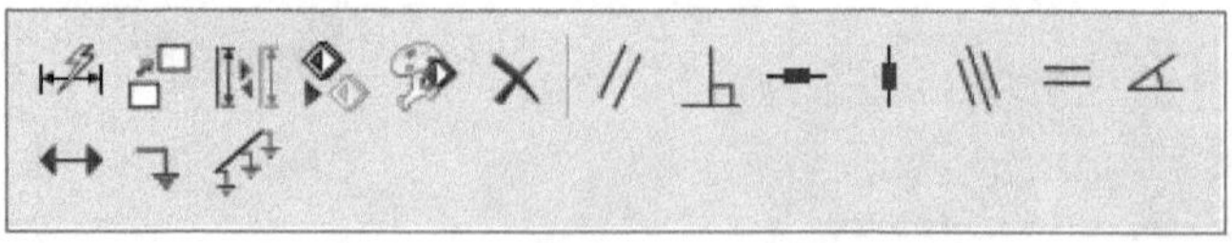

图 3-32　"草图约束"快捷工具条

2. 创建自动约束

当创建和编辑草图曲线时，使用此选项控制是否允许创建自动约束。此选项默认是激活的，且被隐藏在默认布局的"草图"工具条中。在创建和编辑草图曲线(包括拖动)时，通过控制光标或经过其他曲线判断和预览可能的约束。当约束符号出现时，单击鼠标左键即可创建自动约束。草图的自动约束符号和名称如图 3-34 所示。

3. 草图的几何约束符号显示与删除

草图添加几何约束以后，会在绘图区中显示几何约束符号。但在默认状态下，草图只显示几种常见的几何约束符号，如重合、点在曲线上、中点、相切和同心约束。可以通过以下开关按钮来控制约束符号的显示(如图 3-35 所示)。

● 显示所有约束 ⚞：显示草图中所有的几何约束符号。

图 3-33　草图右键快捷菜单　　　　图 3-34　"自动约束"对话框

● 显示没有约束 ⚟：隐藏草图中所有的几何约束符号。

● 显示/删除约束 ⚟：显示选中的曲线的几何约束符号。

(a) 默认显示　　　　　　(b) 显示无约束

图 3-35　控制几何约束符号的显示

删除几何约束的方法主要有 3 种。

(1) 直接删除：选择"编辑"→"删除"菜单命令，然后在绘图区选择几何约束符号进行删除。

(2) 使用"显示/移除约束"命令 : 使用列表的方式显示/移除草图的几何约束。"显示/移除约束"对话框如图 3-36 所示。在约束列表中选择约束，然后单击"移除高亮显示的"按钮来删除选中的几何约束；也可以单击"移除所列的"按钮来删除所有列表显示的几何约束。

(3) 可以使用约束类型过滤功能简化列表的显示。

① 选定的一个对象：每次选择一个对象，选择新的对象之后，原始对象被替代。

② 选定的对象：每次可以单选或框选多个对象，选择新对象之后，原始对象保留。

③ 活动草图中的所有对象：无须选择，系统自动选择所有草图对象。

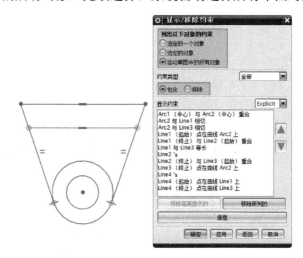

图 3-36　显示/移除约束

【实例 1】　为如图 3-37 所示的草图曲线创建几何约束，创建步骤如下。

(1) 创建如图所示的草图。

(2) 创建同心约束。选择曲线左上角的两个圆，然后选择右键快捷菜单中的"同心"约束，使得大圆和小圆的圆心重合，此时在这两个圆的圆心显示同心约束标记。利用同样的方法，使其余 3 个角上的小圆和大圆分别同心，得到的图形如图 3-38 所示。

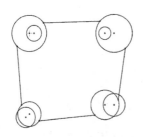

图 3-37　草图曲线

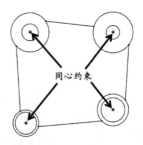

图 3-38　同心约束

(3) 创建固定约束。为保证其余的圆分别与曲线左上角的大圆和小圆等半径，为左上角的大圆和小圆添加固定约束。选择左上角的大圆或小圆，然后选择右键快捷菜单中的"固定"约束，使两个圆的圆心固定，如图 3-39 所示。

(4) 创建等半径约束。首先选择曲线左上角的大圆，再选择右上角的大圆，然后选择右键快捷菜单中的"等半径"约束，使得左上角的大圆和右上角的大圆等半径。利用同样的方法，设置其余两个大圆与左上角的大圆等半径，并利用同样的方法设置其余 3 个角上的小圆与左上角的小圆等半径，得到的图形如图 3-40 所示。

(5) 创建水平约束和竖直约束。选择左侧的直线，然后选择右键快捷菜单中的"竖直"约束，为该直线创建竖直约束。利用同样的方法，分别为其他 3 条直线添加竖直或水平约束，得到的图形如图 3-41 所示。

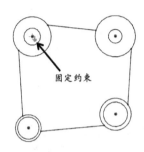

图 3-39　固定约束

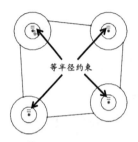

图 3-40　等半径约束

(6) 创建相切约束。首先选择左侧的竖直直线，再选择左侧的大圆，然后选择右键快捷菜单中的"相切"约束，使该直线和圆相切。利用同样的方法，使其余的直线分别与其相交的圆相切，得到的图形如图 3-42 所示。

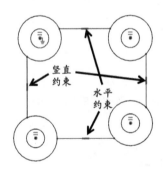

图 3-41　竖直和水平约束

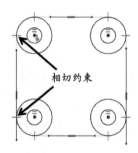

图 3-42　相切约束

提示：　添加约束后，如果得到的结果与预期的结果相反，可单击"草图约束"工具条中的"备选解"按钮，此时打开的对话框要求选择需要编辑的形成约束的对象，选择对象后得到该约束的备送解，完成操作后单击"确定"按钮关闭对话框。

(7) 编辑曲线。单击"草图曲线"工具条中的"快速延伸"按钮和"快速修剪"按钮，对直线进行延伸和修剪，得到如图 3-43 所示的草图。

(8) 结束草图任务。选择 "草图"→"完成草图"菜单命令，或单击"草图生成器"工具条中的"完成草图"按钮，返回建模应用模块，得到的草图如图 3-44 所示。

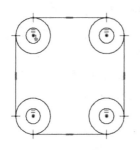

图 3-43　编辑曲线

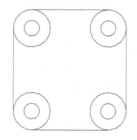

图 3-44　完成的草图

3.3.2　尺寸约束

1. 尺寸约束

尺寸约束用于确定草图对象大小和相对位置。草图尺寸约束可通过"插入"菜单中的"尺寸"级联菜单(如图 3-45 所示)或如图 3-46 所示的"草图约束"工具条来创建。

图 3-45　"尺寸"级联菜单

图 3-46　"草图约束"工具条

各种尺寸约束类型说明如下。

　　自动判断：根据选择的草图对象自动推断尺寸类型，并建立尺寸约束。

　　水平：用于指定两约束对象间与 X 轴平行方向的尺寸。

　　竖直：用于指定两约束对象间与 Y 轴平行方向的尺寸。

　　平行：用于指定两个点之间的距离。

　　垂直：用于指定点和直线之间的距离。

　　角度：用于指定两直线之间的角度尺寸。

　　直径：用于为草图的圆或圆弧指定直径尺寸。

　　半径：用于为草图的圆或圆弧指定半径尺寸。

　　周长(M)：用于指定所选的草图轮廓曲线的总长度。可以选择周长约束的曲线是直线和圆(圆弧)。

　　提示：　一般在施加尺寸约束时，应尽可能采用自动判断的方式，这样可以避免频繁切换命令，提高效率。

2. 创建尺寸约束

单击"草图"工具条中的"尺寸约束"按钮，选择"自动判断"或者选择相应尺寸约束类型，如图 3-47 所示，对草图曲线进行尺寸约束，如图创建一个尺寸后，一个表达式会被同时创建，可以输入新的表达式名称和数值，如图 3-48 所示。

3. 编辑尺寸

编辑草图尺寸可以使用以下操作。

(1) 编辑尺寸名称和数值：双击一个尺寸进行编辑。

(2) 编辑尺寸的位置：选中尺寸后按住左键并拖动尺寸到合适的位置。

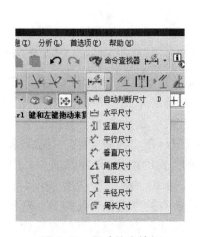

图 3-47　尺寸约束按钮

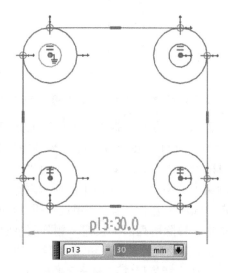

图 3-48　尺寸约束表达式

(3) 使用"尺寸"对话框来编辑尺寸：使用"尺寸"对话框可以同时编辑所有尺寸，并可进行其他编辑操作。

4. 自由度和约束状态

在为草图对象添加几何约束和尺寸约束时，草图中的曲线会在顶点显示黄色的自由度箭头，如图 3-47 所示。箭头方向表示该曲线可以移动的方向，在该方向添加约束后箭头消失。利用箭头和草图曲线的颜色，可以判断草图的约束状态。草图的约束状态有以下几种。

- 欠约束状态。
- 完全约束状态。
- 过约束状态。

提示： 欠约束状态下的草图和完全约束状态下的草图允许进行拉伸、旋转等操作，而过约束状态下的草图不允许。

【实例 2】 为如图 3-49 所示的曲线添加尺寸约束，操作步骤如下。

(1) 打开文件。打开【实例 1】保存的草图文件，进入建模应用模块，然后选择"编辑"→"草图"菜单命令进入草图环境。

(2) 添加水平尺寸约束。单击"草图约束"工具条中的"水平"按钮 ⬚，选择草图曲线中的上水平线，向上拖动鼠标，在合适的位置单击放置尺寸，然后在弹出的对话框中输入 40mm，按 Enter 键，完成尺寸的创建，如图 3-50 所示。

添加竖直尺寸约束。单击"草图约束"工具条中的"竖直"按钮 ⬚，选择草图曲线中左边的竖直线，向左拖动鼠标，在合适的位置单击放置尺寸，然后在弹出的对话框中输入 25mm，按 Enter 键，得到的图形如图 3-51 所示。

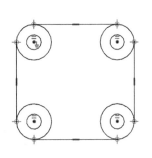
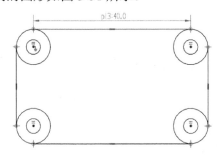
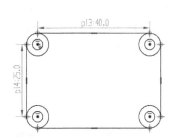

图 3-49 【实例2】草图   图 3-50 添加水平尺寸约束   图 3-51 添加竖直尺寸约束

(3) 删除固定约束。曲线左上角的大圆和小圆被添加了固定约束，所以在为这两个圆添加尺寸约束时有时会无效，因此需要将固定约束删除。单击"草图约束"工具条中的"显示/移除约束"按钮 ⬚，在打开的"显示/移除约束"对话框的"列出以下对象的约束"选项组中选中"活动草图中的所有对象"单选按钮，在"约束类型"下拉列表框中选择"固定"选项，选中"包含"单选按钮，则两个圆的固定约束显示在列表框中，如图 3-52 所示。单击"移除所列的"按钮，删除两个固定约束，单击"确定"按钮关闭对话框。

(4) 添加直径尺寸约束。单击"草图约束"工具条中的"直径"按钮 ⬚，选择左上角的大圆，拖动鼠标将尺寸移到合适的位置，单击放置尺寸，设置该大圆的直径为 15mm，按 Enter 键，则所有大圆的直径都设置为 15mm。

(5) 添加半径尺寸约束。单击"草图约束"工具条中的"半径"按钮 ⬚，选择左上角的小圆，拖动鼠标将尺寸移到合适的位置，单击放置尺寸，设置该小圆的半径为 5mm，按 Enter 键，则所有小圆的半径都设置为 5mm。得到的草图如图 3-53 所示。

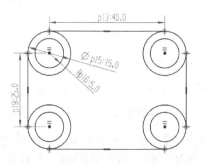

图 3-52 "显示/移除约束"对话框   图 3-53 添加直径和半径尺寸约束

提示：　从实例中可以看出，在添加了同心、等半径等几何约束后，仅需要设置少数
几个尺寸，即可为所有的相关曲线添加尺寸约束。

3.4　草图特征应用

3.4.1　草图参数设置

选择"首选项"→"草图"菜单命令，打开如图 3-54 所示的"草图首选项"对话框。利用该对话框可以对草图进行相关设置。

1．草图样式

(1) 尺寸标签：控制如何显示草图尺寸中的表达式，可以选择的选项有"表达式""名称"和"值"。"表达式"为默认选项，同时显示尺寸名称和数值；"名称"选项只显示尺寸表达式的名称；"值"选项只显示尺寸数值，如图 3-55 所示。

(2) 文本高度：设置草图尺寸与文本的高度。

2．会话设置

(1) 显示自由度箭头：选择该复选框后，将在草图中显示自由度箭头。

(2) 动态草图显示：当几何体尺寸较小时，控制是否显示约束标志。

(3) 更改视图方位：选择该复选框后，在激活草图时视图方向改变。

(4) 保持图层状态：控制工作层在草图不被激活时，是否保持不变或者返回其先前的值。当激活草图时，草图所在的层自动地变为工作层。当选中该选项并且草图不被激活时，草图所在的层将返回其先前的状态(即它不再是工作层)。

3．部件设置

可以设置草图曲线、约束和尺寸等的颜色。

图 3-54　"草图首选项"对话框

图 3-55　尺寸显示类型

3.4.2　挂轮架草图创作范例

本范例建立挂轮架草图，以全面介绍复杂草图曲线的绘制和编辑、几何约束和尺寸约束的创建方法。

1．新建部件文件

启动 UG NX，选择目录，建立名为 Sketch_gualunjia.prt 的新部件文件，单位为 mm，然后进入建模应用模块。

2．创建草图平面

单击"特征"工具条中的"在任务环境中绘制草图"按钮，在弹出的"创建草图"对话框中选用默认设置，单击"确定"按钮，系统默认选择 XC-YC 平面为草图平面。

3．显示基准坐标系

为便于绘制曲线和进行观察，选择部件导航器中的基准坐标系，右击，在弹出的快捷菜单中选择"显示"命令。

4．绘制挂轮架外形轮廓

(1) 绘制直径为 44 的圆。单击"草图曲线"工具条中的"圆"按钮○，首先设置圆心坐标为(0,0)，绘制一个直径为 44 的圆，并作为以后所作图形的参考，如图 3-56 所示。

(2) 利用同样方法，在对应位置绘制 4 个圆，直径分别为 20、20、24、24。首先对直径 44 的圆添加尺寸约束，然后对其他尺寸进行约束。单击"草图曲线"工具条中的"直线"按钮╱，分别绘制两条直线，将两个直径 24 的圆与直径 44 的圆连接，并添加角度约束，如图 3-57 所示。

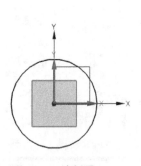

图 3-56　绘制圆

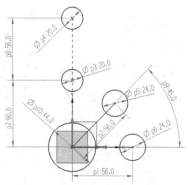

图 3-57　绘制 4 个圆

(3) 利用同样方法，在相应的 3 个圆的位置绘制直径分别为 40、84、44 的 3 个圆，并设置同心约束，如图 3-58 所示。

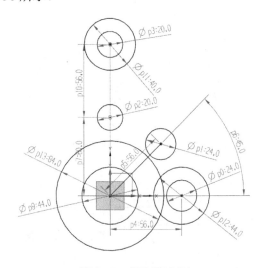

图 3-58　绘制同心圆

(4) 单击"草图曲线"工具条中的"圆弧"按钮，在随后弹出的左上角的工具条中单击"中心和端点定圆弧"按钮，以直径为 84 的圆心为圆心绘制圆弧，然后绘制所需的中间直线和中间圆弧，并添加尺寸约束，如图 3-59 所示。

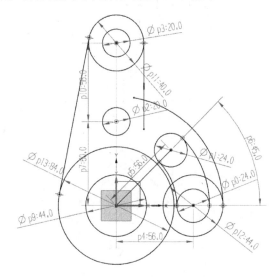

图 3-59　绘制中间圆弧和中间直线

(5) 单击"草图曲线"工具条中的"快速修剪"按钮，修剪多余的直线和圆弧，如图 3-60 所示。

(6) 单击"草图曲线"工具条中的"快速修剪"按钮，在两个拐角处创建圆角，半径分别为 12、18，如图 3-61 所示。

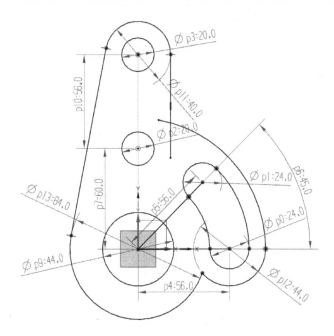

图 3-60　修剪多余的直线和圆弧

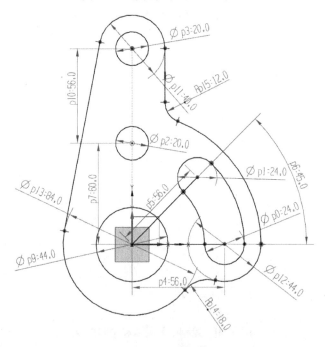

图 3-61　创建圆角

5. 把创建的两条中心线转换成参考直线

在绘图区选择把创建的两条中心线转换成参考直线创建的两条中心线，然后右击，在弹出的快捷菜单中选择"转换为参考"命令，如图 3-62 所示，操作结果如图 3-63 所示。

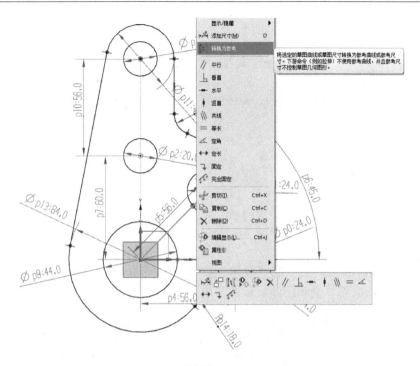

图 3-62　两条直线转换成参考直线

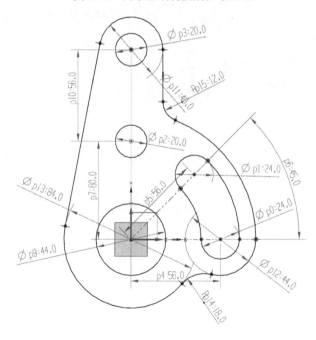

图 3-63　两条直线转换成参考直线结果

6. 结束草图任务

选择"草图"→"完成草图"菜单命令,结束草图任务,如图 3-64 所示。然后选择
"文件"→"关闭"→"保存并关闭"菜单命令,保存和关闭部件文件。

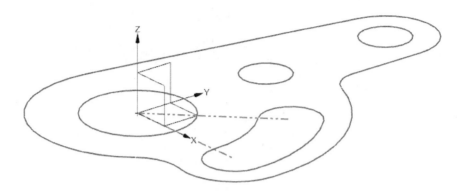

图 3-64　完成的草图

7. 检验草图

单击"成型特征"工具条中的"拉伸"按钮 📖 (关于拉伸后文会有详细讲解)，如果显示如图 3-65 所示的结果，说明所绘制草图正确。

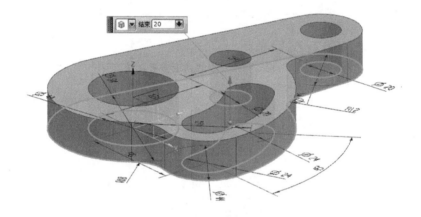

图 3-65　拉伸效果

习　　题

3-1　绘制如图所示的草图。

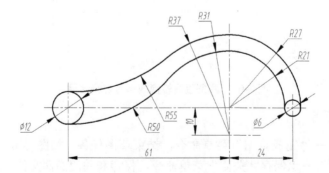

3-2　绘制如图所示的草图。

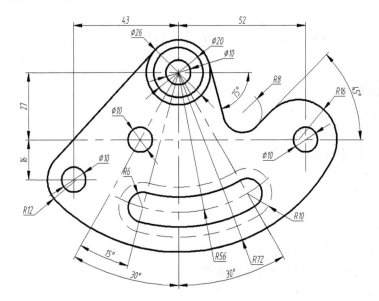

第4章 扫描特征

本章要点

- 掌握扫描特征的概念。
- 掌握拉伸体的创建方法。
- 掌握旋转体的创建方法。
- 掌握沿轨迹扫描的创建方法。
- 掌握管道的创建方法。

技能要求

- 具备创建扫描特征的能力；
- 具备灵活应用扫描特征创建实体模型的能力。

本章概述

　　基本形体的扫描特征，它们分别是拉伸(Extrude)、旋转(Revolve)、沿导线扫描和管道，如图 4-1 所示。基本扫描特征可以用来定义实体零件的第一个特征，这时需要定义一个草图作为剖面，其中以拉伸和旋转特征最为常用。当然，这些扫描特征也常常用于从实体上添加或移除材料，这时需要为它们指定布尔运算选项。

　　拉伸特征和旋转特征都可以看作是扫描特征的特例。拉伸特征的扫描轨迹是垂直于草绘平面的直线，旋转特征的扫描轨迹是圆周。扫描特征有两大基本元素：扫描轨迹和扫描截面，利用扫描特征工具将二维图形轮廓线作为截面轮廓，并沿所指定的引导路径曲线运动扫掠，从而得到所需的三维实体特征。所创建的特征的横断面与扫描剖面完全相同，特征的外轮廓线与扫描轨迹相对应。

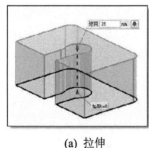   

(a) 拉伸　　　　　　(b) 旋转　　　　　　(c) 沿导线扫描　　　　(d) 管道

图 4-1　基本扫描特征

4.1　拉　　伸

【操作命令】：

- 菜单命令："插入"→"设计特征"→"拉伸"。

● 工具条："特征"→"拉伸"按钮。

【操作说明】：执行上述命令后，打开如图 4-2 所示的"拉伸"对话框和"选择意图"下拉列表。在默认情况下"选择曲线"选项组中的"选择剖面"按钮为按下状态，此时可选择实体边缘、曲线(可以是草图曲线和非草图曲线)、封闭曲线串和片体边缘等几何对象作为拉伸体的截面线串。

图 4-2　"拉伸"对话框和"选择意图"下拉列表

如果选择拉伸对象时选择实体表面，则将该实体表面作为草图平面。在此草图平面绘制完所需的草图曲线后，退出草图环境可将所绘制的曲线进行拉伸。

如果单击"选择曲线"选项组中的"草图剖面"按钮后，可建立基准平面作为草图平面，并在此草图平面绘制草图曲线进行拉伸。

拉伸的实质就是使一个选中的剖面沿指定方向进行扫描。拉伸的创建过程会在绘图区中进行预览，并可以进行动态操作，如图 4-3 所示。

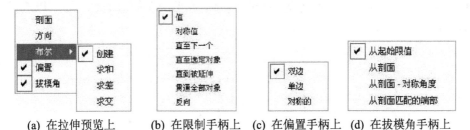

(a) 在拉伸预览上　　(b) 在限制手柄上　(c) 在偏置手柄上　(d) 在拔模角手柄上

图 4-3　拉伸的快捷菜单

在拉伸预览图的不同对象上右击可以启动快捷菜执行操作。拉伸参数中，"限制"是必选参数，其他如"偏置"和"拔模角"等都是可选参数。

4.1.1　简单拉伸

在拉伸方向上指定"起始"位置和"终止"位置，可以限制拉伸范围。拉伸的限制可以输入值、修剪到一个对象(包括"直至下一个"对象、"直至选定对象"和"直至延伸部分"3种方式,如图4-4所示)和"贯穿所有的对象"等。

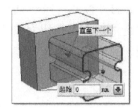

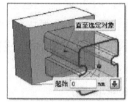
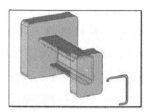

(a) 拉伸直至下一个　　(b) 拉伸直至选定对象　　(c)拉伸直至延伸部分

图4-4　拉伸修剪到边界对象

4.1.2　带偏置的拉伸

拉伸偏置的主要目的是为了获得一个等壁厚的壳体。当激活拉伸偏置选项后,可以指定两个偏置值,并以剖面位置作为测量基准,如图 4-5(a)所示。图 4-5(b)表示对称偏置的拉伸。对于封闭的剖面还可以指定单侧偏置,如图4-5(c)所示。

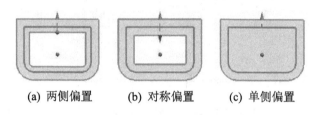

(a) 两侧偏置　　　(b) 对称偏置　　　(c) 单侧偏置

图4-5　拉伸偏置

4.1.3　带拔模角的拉伸

NX 允许为拉伸体的侧面指定拔模斜度。需要注意的是,当拉伸的"起始"位置和拉伸剖面不重合时,需要指定拔模角的基准位置,包括"从起始限制"和"从剖面"两种方式,如图 4-6(a)、(b)所示。当拉伸的两个限制分别位于剖面的两侧时,还可以选择对称角度和匹配端面,如图4-6(c)、(d)所示。

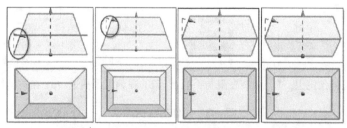

(a) 从起始限制　　(b) 从剖面　　(c) 对称角度　　(d) 匹配端面

图4-6　拉伸拔模的基准位置

【实例1】 创建如图4-7所示的拉伸体,操作步骤如下。

(1) 绘制拉伸所用的草图曲线。

(2) 创建拉伸体。

● 选择拉伸对象。单击"特征"工具条中的"拉伸"按钮,确认打开的"拉伸"对话框"截面"选项组中的"选择曲线"按钮为按下状态,选择绘图区中的曲线。

📑 提示: 如果只能选择该曲线中的一段曲线,可在选择曲线后单击鼠标右键,在弹出的如图 4-8 所示的快捷菜单中选择"相连曲线"命令,可选择该草图中的全部曲线,接受默认的拉伸方向。

图 4-7　创建的拉伸实体　　　　　　　图 4-8　选择拉伸对象

● 设置拉伸距离。在"限制"选项组"开始"文本框输入 0,在"结束"文本框输入 20。

● 设置偏置距离。在"拉伸"对话框中选择"偏置"复选框,在该选项组的下拉列表中选择"两侧";在"开始"文本框输入 0,"结束"文本框输入 8。此时在绘图区中通过箭头显示拉伸方向和偏置方向,如图 4-9 所示。

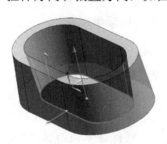

图 4-9　拉伸、偏置和拔模方向

● 设置拔模角度。在"拉伸"对话框中选择"拔模"复选框,在"角度"文本框输入 5,在其右侧的列表框中选择"从起始限制"选项,确认布尔运算方式为"无",最后单击"确定"按钮创建拉伸体,如图 4-7 所示。

4.2　旋　　转

【操作命令】:

● 菜单命令:"插入"→"设计特征"→"回转"。

● 工具条:"特征"工具条→"回转"按钮。

【操作说明】:执行上述命令后,打开如图 4-10 所示的"回

图 4-10　"回转"对话框

转"对话框,该对话框中的各项说明与如图 4-2 所示的"拉伸"对话框类似。可以将所选的对象绕选定的轴线旋转指定的角度创建旋转体,也可以将所选的对象在指定的面/平面之间旋转来创建旋转体。

4.2.1 简单旋转体

指定旋转方向上的起始限制角度和终止限制角度时,可以为旋转限制手柄输入角度参数或者旋转修剪边界对象,其预览图和动态操作手柄如图 4-11 所示。如图 4-12 所示为指定旋转的起始和/或终止角度限制为修剪到一个选定的对象。

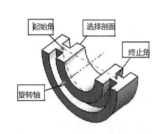

图 4-11　旋转特征的动态参数

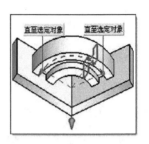

图 4-12　旋转直至选定对象

4.2.2 带偏置的旋转体

"回转"对话框中的"偏置"选项,用于获得具有等壁厚的旋转体。可以为偏置指定两个偏置值,用法与拉伸命令的偏置选项类似。

提示: 在应用拉伸和旋转命令时,请注意以下几点。

(1) 在对话框中的更多选项中可以指定生成体的类型:实体或片体。获得实体的条件是:剖面线串必须为封闭轮廓线串或带有偏置的开放轮廓线串。如果使用偏置选项,则将无法获得片体。

(2) 旋转特征的剖面必须保证不能超过旋转轴。

(3) 如果希望在已经存在的实体上添加或移除材料,需使用布尔运算。

4.3　沿导线扫描

沿导线扫描指通过沿着指定的一条引导线串来扫描一个选中的剖面线串来创建单个体。当引导线串和剖面线串中至少一个为平面封闭曲线时,可以获得实体模型。

剖面曲线通常应该位于开放式引导路径的起点或封闭式引导路径的任意曲线的端点,否则可能会得到错误的结果。

一般要求引导线串应该是平面线串。如果沿 3D 曲线进行扫描,建议使用自由曲面的"扫掠 Swept"特征。

【实例 2】:创建如图 4-13 所示的模型,操作步骤如下。

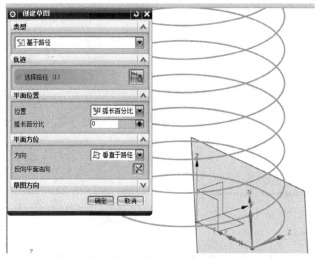

(a)　"创建草图"对话框和草图平面的选择

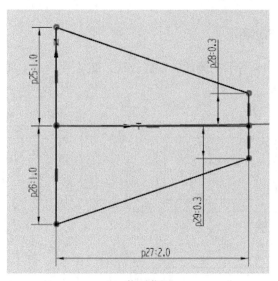

(b)　截面草图

图 4-13　螺旋线参数和路径上的草图

(1) 绘制螺旋曲线。选择"插入"→"曲线"→"螺旋线"菜单命令，输入螺旋线参数，单击"确定"按钮，完成螺旋曲线的绘制，如图 4-13(a)所示。

(2) 创建路径上的草图。单击"特征"工具条中的"在任务环境中的草图"按钮，在打开的"创建草图"对话框中选择"基于路径"图标，选择螺旋曲线靠近起点的位置，输入弧长 0，如图 4-13(a)所示，接受默认方向进入草图环境，完成如图 4-13(b)所示的草图。

(3) 创建扫掠特征。选择"插入"→"扫掠"→"沿导引线扫掠"菜单命令，先选择路径上的草图，然后选择螺旋线作为引导线，设置是否偏置(本例第一和第二偏置都为0)，选择布尔运算，最后单击"确定"按钮，完成扫掠特征，如图 4-14 所示。

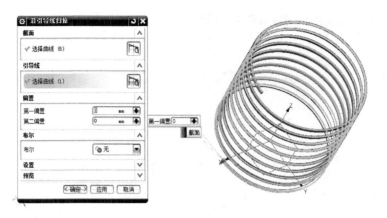

图 4-14　创建扫掠特征

4.4　扫描特征的范例解析

4.4.1　箱体创建范例

本范例介绍如图 4-15 所示的箱体的创建过程，重点介绍在实体表面创建草图，然后由草图生成拉伸体的方法。

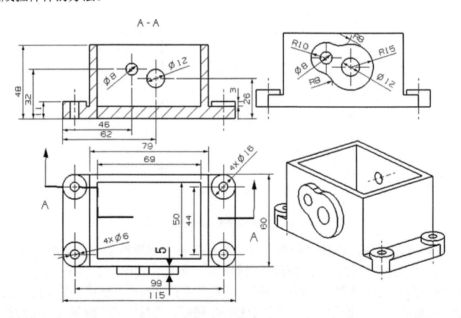

图 4-15　箱体

1. 创建新部件文件

启动 UG NX，选择"文件"→"新建"菜单命令，在打开的"新建"对话框中选择目录，建立新部件文件 xiangti.prt，单位为 mm。

2. 创建箱体底座

(1) 创建长方体。选择"插入"→"设计特征"→"长方体"菜单命令，在打开的"块"对话框的"类型"下拉列表中选择"原点和边长"选项，在对话框中输入长方体的长度、宽度、高度参数分别为 115、60、8，单击"确定"按钮创建长方体，如图 4-16 所示。

(2) 创建圆角。单击"特征"工具条中"边倒圆"按钮，依次选择上述长方体的 ZC 轴方向的 4 条棱边，在"边倒圆"对话框的"设置 1R"文本框中设置圆角半径为 8mm，单击"确定"按钮创建圆角，如图 4-17 所示。

图 4-16 创建长方体

图 4-17 创建圆角

(3) 创建圆台。单击"特征"工具条中"凸台"按钮，设置圆台直径为 16mm，高度为 3mm，拔模角为 0，选择上述长方体的顶面为放置面，单击"确定"按钮。在定位对话框中单击"点到点"按钮，选择上述创建的圆角边缘，在随后弹出的"设置圆弧的位置"对话框中选择"圆弧中心"，单击"确定"按钮。其余 3 个圆台均按此法创建，如图 4-18 所示。

(4) 创建简单孔。单击"特征"工具条中"孔"图标按钮，在打开的对话框中的"类型"选项组单击"常规孔"按钮，选择上图创建的一个圆台中心为指定点，在"形状和尺寸"选项组中选择"简单"，深度限制选择"贯通体"，设置孔的直径为 6mm，单击"确定"按钮。其余 3 个孔均按此法创建。创建的圆孔如图 4-19 所示。

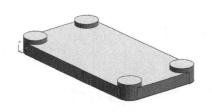

图 4-18 创建圆台

图 4-19 创建简单孔

3. 创建箱体

(1) 创建草图平面。在"特征"工具条中单击"在任务环境中绘制草图"按钮，选择已创建的底座上表面，单击绘图区左上角工具条中的"确定"按钮，创建草图平面。

(2) 绘制箱体轮廓曲线。单击"草图"工具条中的"矩形"按钮，在底座上端面绘制一个矩形，添加几何关系，使矩形的左右两条边分别与底座上端面的左右两条边共线，并添加如图 4-20 所示的尺寸约束。完成后单击"草图"工具条的"完成草图"按钮结束草图绘制。

(3) 拉伸箱体轮廓。单击"特征"工具条中的"拉伸"按钮，选择上述绘制的箱体轮廓曲线，设置拉伸距离为 40mm，偏置的开始距离为 0mm，结束距离为-5mm，选择"求和"布尔运算方式，单击"确定"按钮创建拉伸体，得到如图 4-21 所示的图形。

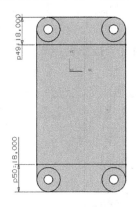

图 4-20　绘制草图曲线图

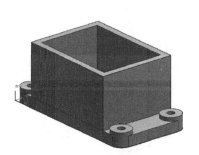

图 4-21　创建箱体

4. 创建轴承孔

(1) 创建草图平面。在"特征"工具条中单击"在任务环境中绘制草图"图标按钮，选择已创建的箱体前表面，单击绘图区左上角工具条中的"确定"按钮，创建草图平面。

(2) 绘制草图曲线。在草图平面中绘制如图 4-22 所示的轮廓曲线。通过"草图首选项"对话框设置小数位数为 0，为曲线添加尺寸约束和几何约束。完成后，单击"草图"工具条的"完成草图"按钮，结束草图绘制。

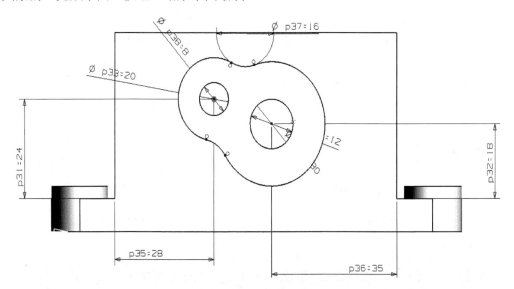

图 4-22　轴承轮廓曲线的几何约束和尺寸约束

(3) 拉伸轴承孔轮廓曲线。单击"特征"工具条中的"拉伸"按钮，选择上述绘制的草图曲线，设置拉伸距离为 5mm，选择"求和"布尔运算方式，单击"确定"按钮创建拉伸体。

(4) 在箱壁创建轴承孔。此时"拉伸"对话框选择仍然打开，选择图中两个孔的边缘，在"限制"选项组的"开始"文本框输入 0；在"结束"下拉列表选择"直至选定对象"。选择箱体后壁，并选择"求差"布尔运算方式，单击"确定"按钮创建拉伸体生成圆孔，得到如图 4-23 所示的箱体。

5. 隐藏所有的草图曲线和基准轴

效果如图 4-24 所示。

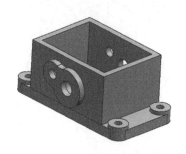

图 4-23　拉伸生成轴承孔　　　　图 4-24　隐藏草图曲线和基准轴

6. 保存文件

选择 "文件"→"保存并关闭"菜单命令，保存并关闭部件文件。

4.4.2　手轮创建范例

1. 创建新部件文件

启动 UG NX，选择"文件"→"新建"菜单命令，在打开的"新建"对话框中选择目录，建立新部件文件 shoulun.prt，单位为 mm(毫米)。

单击"标准"工具条中的 　起始▾ 按钮，在打开的下拉菜单中选择"建模"命令，进入建模应用模块。

2. 绘制第一组草图曲线

(1) 创建草图平面。单击"特征"工具条中的"在任务环境中绘制草图"图标按钮，在打开的"创建草图"对话框"草图平面"栏中选择"平面方法"为"创建平面"，在"指定平面"后单击"YC-ZC 平面"按钮，然后单击该工具条中的"确定"按钮，创建草图平面。

(2) 绘制草图曲线。通过"草图"工具条的相关命令绘制草图曲线，其中两端长度为 15mm 的线段为水平方向，中间半径为 60mm 的两段圆弧分别与相邻的曲线相切，各曲线的尺寸如图 4-25 所示。

(3) 隐藏基准平面和基准轴线。选择"编辑"→"显示和隐藏"→"隐藏"菜单命令，在绘图区左上角弹出的工具条中单击"类选择"按钮，在打开的"类选择"对话框中单击"类型"按钮，在随后打开的对话框的列表框中选择"基准"选项后单击"确定"按钮，然后在"类选择"对话框中单击"全选"按钮，则草图曲线所在的基准平面和基准轴均被选中，最后单击"确定"按钮将其隐藏，此时草图曲线如图 4-26 所示。

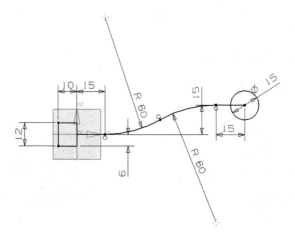

图 4-25 第一组草图曲线

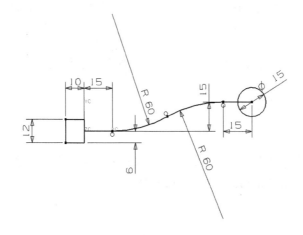

图 4-26 隐藏基准平面和基准轴线

完成上述操作后,选择"草图"→"完成草图"菜单命令,退出草图环境。

3. 创建第二组草图曲线

(1) 创建第二个草图平面。设置视图方向为正三轴测图,单击"特征"对话栏中的"在任务环境中绘制草图"按钮,在"创建草图"对话框的"类型"下拉列表中选择"基于路径"选项,如图 4-27 所示,并在弹出的对话框的"圆弧长"文本框中输入 0,随后选择如图 4-28 所示的第二步绘制的草图曲线中的直线,然后单击"确定"按钮创建草图平面。该方式所创建的草图平面垂直于所选直线。

(2) 绘制圆。重新设置视图方向为"正三轴测图"。单击"草图工具"工具条中的"圆"按钮,捕捉上面绘制的草图曲线中的圆的圆心作为圆心,绘制直径为 10mm 的圆。

采用上述方法将新建草图平面的基准平面隐藏,退出草图环境,得到的草图曲线如图 4-29 所示。

图 4-27　选择草图平面创建类型

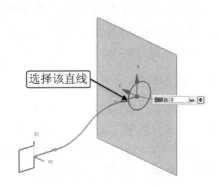

图 4-28　创建垂直于直线的草图平面

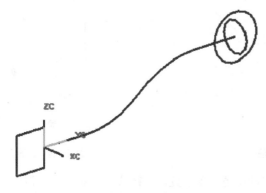

图 4-29　绘制圆

4. 创建回转体

单击"特征"工具条中的"回转"按钮，在"选择意图"下拉列表中选择"单条曲线"选项，选择第 2 步绘制的草图曲线中的右端的圆作为截面曲线。单击鼠标中键确认(若没有鼠标中键按鼠标滚轮也可)，然后选择如图 4-30 所示直线作为回转轴线，并接受默认的参数，单击"确定"按钮创建回转体，如图 4-31 所示。

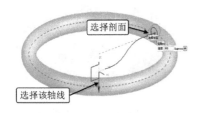

图 4-30　选择回转轴线

图 4-31　创建回转体

5. 创建扫掠体

单击鼠标右键，在弹出的快捷菜单中设置渲染样式为"静态线框"。

选择"插入"→"扫掠"→"沿导引线扫掠"菜单命令，先选择上述第 3 步创建的圆，然后选择上述第 2 步创建的草图曲线中圆和曲线之间的曲线作为引导线，设置是否偏置(本例第一和第二偏置都为 0)，单击布尔运算"求和"按钮，最后单击"确定"按钮，完成扫掠特征得到的模型，如图 4-32 所示。

6. 创建回转体

单击"特征"工具条中的"回转"按钮，在"选择意图"下拉列表中选择"单条曲线"选项，选择的第 1 步绘制的草图曲线中的矩形，按鼠标中键进行确认，选择如图 4-33 所示的矩形中的竖直直线作为回转轴线，接受默认的回转参数，并选择布尔运算方式为"求和"，单击"确定"按钮创建回转体。

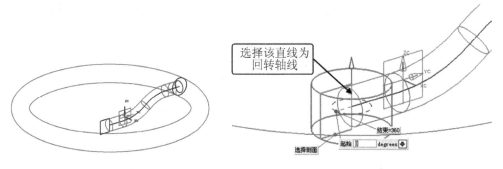

图 4-32　创建轮轴　　　　　　　　　　图 4-33　选择回转轴线

单击鼠标右键，在弹出的快捷菜单设置渲染样式为"着色"，得到模型如图 4-34 所示。

7. 环形阵列轮辐

选择"插入"→"关联复制"→"阵列特征"菜单命令，在打开的"阵列特征"对话框中布局选择"圆形"按钮；旋转轴项目中指定矢量选择 ZC 轴，指定点选择坐标原点；"角度方向"中"间距"选择"数量和间距"，"数量"设置为 8，"节距角"设置为 45°，然后在绘图区用鼠标选择第 5 步创建的扫掠体，预览后单击"确定"按钮。完成的阵列如图 4-35 所示。

图 4-34　创建回转体　　　　　　　　　　图 4-35　环形阵列轮辐

8. 创建圆柱

选择"插入"→"设计特征"→"圆柱体"菜单命令，打开"圆柱"对话框，在"类型"下拉列表中选择"轴、直径和高度"选项；在"轴"栏"指定矢量"中选择圆柱的创建方向，本例选择"-ZC 轴"按钮；在"指定点"中单击"点对话框"按钮，确定所建圆柱的圆心，本里选择第六步创建的回转体的上表面圆心点；在"尺寸"栏中设置圆柱的直径为 10mm，高度为 12mm，在"布尔"下拉列表中选择"求差"选项，单击"确定"按钮创建圆柱，如图 4-36 所示。

图 4-36　手轮模型

习　　题

4-1　创建如图所示的模型。

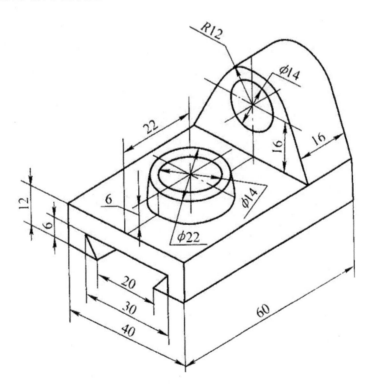

4-2 创建如图所示的模型。

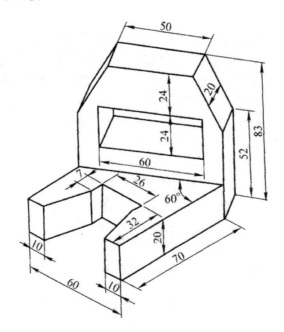

第 5 章　成型特征与参考特征

本章要点

- 掌握成型特征和参考特征的概念。
- 掌握成型特征的创建方法。
- 掌握参考特征的创建方法。

技能要求

- 具备创建成型特征的能力。
- 具备创建参考特征的能力。
- 具备灵活使用成型特征和参考特征创建实体模型的能力。

本章概述

本章介绍成型特征和参考特征的创建方法。

成型特征是以现有模型为基础而创建的实体特征。利用该特征工具，可以直接创建更为细致的实体特征。它包括两种类型的实体特征：一种是在实体上去除材料(如孔、腔体、键槽和槽)，另一种是添加材料(如凸台、垫块等)。成型特征的生成方式都是参数化的，通过修改成型特征的参数可修改模型。

参考特征是用于建立其他特征的辅助特征，包括基准面和基准轴。在创建成型特征的过程中，经常要采用基准特征作为放置面和进行定位。

5.1　成型特征综述

成型特征包括孔(Hole)、凸台(Boss)、腔体(Pocket)、垫块(Pad)、键槽(Slot) 和槽(Groove)6 种，如图 5-1 所示。

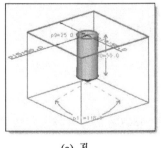
(a) 孔

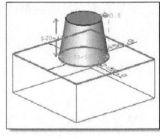
(b) 凸台

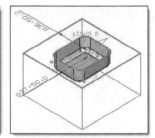
(c) 腔体

图 5-1　成型特征

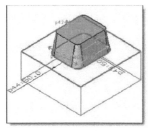

(d) 垫块

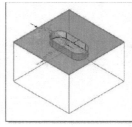
(e) 键槽

(f) 槽

图 5-1　成型特征(续)

成型特征可以通过"插入"→"设计特征"级联菜单或如图 5-2 所示的"特征"工具条中的按钮创建。

图 5-2　"特征"工具条

这一类特征具有相似的建模方法，是一种具有标准形状的、可定位的成型特征，一般用于定义实体上标准的机械加工特征，它们一般具有以下特点：

- 成型特征是对已经存在实体进行添加/移除材料的过程，不能创建新的实体。
- 大部分成型特征需要指定放置平面，此平面同时用于测量高度尺寸，并作为特征定位的投影平面。如果没有平表面，可以创建相关基准平面作为放置面。特征是垂直于放置面建立的，并且与放置面关联。
- 某些具有方向性的成型特征需要定义水平参考，如矩形腔体、矩形垫块和键槽等。
- 成型特征一般需要"定位"功能进行相关约束。如果定位基准不够，可以创建基准特征进行辅助定位。

成型特征创建的一般步骤如下。

(1) 选择特征类型。

(2) 选择特征子类型：如孔有简单孔、沉头孔和埋头孔；腔体有圆形、矩形和一般腔体；垫块有矩形和一般垫块；键槽有矩形、球形、U 形、T 形和燕尾槽等。

(3) 选择放置面：除沟槽需要指定圆柱面或圆锥面、一般腔体和一般垫块可以指定任意表面之外，其他所有特征类型必须指定平表面或基准平面。

(4) 选择水平参考(可选步骤，用于有方向性的成型特征)。

(5) 输入特征参数值。

(6) 定位设计特征。

5.1.1　放置面

绝大多数成型特征都需要一个平的放置面，在其上生成成型特征，并与之相关联。可以选择基准面或者是实体上的平面作为放置面。

在所选放置面上创建成型特征时，特征垂直于放置面，并位于选择放置面时鼠标单击位置的附近。特征将自动连接到选中面，所以当平面被平移或旋转时，特征将与面保持垂直关系，并且特征的高度相对于放置面保持恒定。

如果将基准平面作为放置面，将出现方向矢量，以显示将在基准平面的哪一侧生成特征，如图 5-3 所示。可以接受这一默认侧，也可以对矢量进行反向，以使用另一侧。

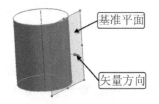

图 5-3　以基准平面作为放置面

5.1.2　水平参考

有些成型特征(如矩形腔体、矩形垫块和键槽)要求指定水平参考。它定义所创建成型特征的 XC 方向，及成型特征的长度方向。可以选择已存在实体的边、面，也可以选择基准面或基准轴作为水平参考。

图 5-4 所示，选择长方体的上表面作为放置面创建一键槽，选择其中的一条棱边作为水平参考，将显示一个箭头表示方向矢量，该方向矢量定义了键槽的长度方向。如图 5-5 所示为根据该水平参考创建的键槽。

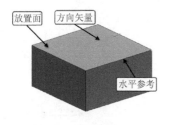

图 5-4　水平参考

图 5-5　创建键槽

5.1.3　定位方法

在创建成型特征时，特征在未被定位前，放置于选择放置面时的鼠标单击点附近。之后需要对特征进行定位，使其位于指定的位置。当操作过程中需要定位特征时，系统弹出如图 5-6 所示的"定位"对话框。该对话框各选项说明如下。

(1) 水平或竖直：只能标注水平或竖直方向的定位尺寸。如果之前没有指定水平参考，在使用这两种定位方法之前，必须首先指定水平参考。效果分别如图 5-7、图 5-8 所示。

图 5-6　"定位"对话框

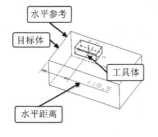

图 5-7　水平距离

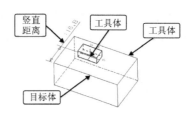

图 5-8　竖直距离

（2）⟲平行和⟋点到点：平行用于标注两个点之间的距离，如图 5-9 所示。如果两点之间距离为 0，还可以使用点到点方式。此两种方法常用于定位孔和圆台的中心，如图 5-10 所示。

（3）⟲垂直和⊥点到线：垂直用于标注点到直线的最短距离，如图 5-11 所示。如果点到直线的距离为 0，还可以使用点到线方式，如图 5-12 所示。此两种方法也常用于定位孔和圆台的中心。

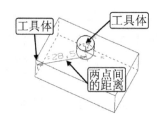

图 5-9　平行距离

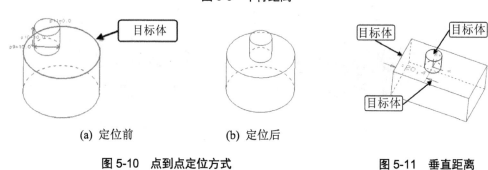

(a) 定位前　　　　　　　(b) 定位后

图 5-10　点到点定位方式　　　　　　　**图 5-11　垂直距离**

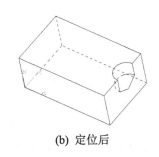

(a) 定位前　　　　　　　(b) 定位后

图 5-12　点到线定位方式

（4）⊥平行距离和⊥直线到直线：平行距离用于标注两条平行直线之间的距离，如图 5-13 所示；当两直线重合时，还可以使用直线到直线方式，如图 5-14 所示。此两种方法常用于矩形腔、凸台和键槽的定位。

（5）△角度：指定工具体和目标体之间的夹角，如图 5-15 所示。

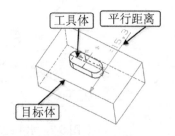

图 5-13　平行距离

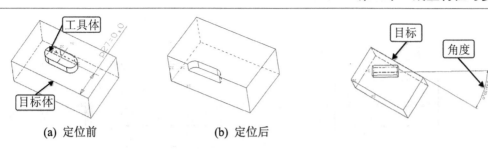

(a) 定位前	(b) 定位后

图 5-14　直线到直线定位方式　　　　　　　　图 5-15　两线夹角

提示： 在对放置面为平面的标准特征进行定位时，需要注意以下要点：

- 特征定位必须首先选择目标体上的定位基准，然后选择工具体上的定位基准。所选的目标定位基准会首先向放置面内进行投影，然后测量距离。
- 当现有的目标实体无法找到定位基准时，通常会利用相关基准平面进行辅助定位。
- 对于孔和圆台，系统已经默认选中中心点作为工具定位基准。
- 对于矩形腔/垫块和键槽已经默认创建两条中心线，可以选作定位基准。

5.2　成　型　特　征

5.2.1　孔

【功能】：创建简单孔、沉头孔或埋头孔。

【操作命令】：

- 菜单命令："插入"→"设计特征"→"孔"。
- 工具条："特征"工具条→"孔"按钮。

【操作说明】：执行上述命令后，打开如图 5-16 所示的"孔"对话框，选择孔的类型后选择放置面(如果需要创建通孔，则需要选择通过面)，然后设置参数，最后定位孔，完成创建孔的操作。各种孔的参数说明如图 5-17 所示。

图 5-16　"孔"对话框

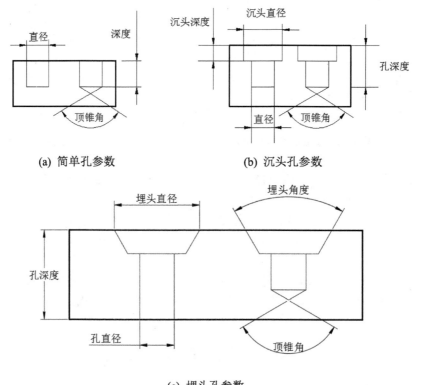

(a) 简单孔参数　　　　　　　　　　　(b) 沉头孔参数

(c) 埋头孔参数

图 5-17　孔的参数说明

5.2.2　凸台

【功能】：创建凸台。

【操作命令】：

● 菜单命令："插入"→"设计特征"→"凸台"。

● 工具条："特征"工具条→"凸台"按钮。

【操作说明】：执行上述命令后，打开 "凸台"对话框，首先选择放置面，然后设置参数，最后定位圆台，完成创建圆台的操作。圆台的参数说明如图 5-18 所示。其中拔模角为圆台的圆柱面与圆台轴线的夹角。

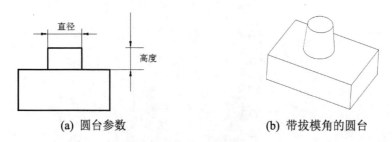

(a) 圆台参数　　　　　　　　　　　(b) 带拔模角的圆台

图 5-18　圆台的参数说明

5.2.3 垫块

【功能】：创建垫块。

【操作命令】：

- 菜单命令："插入"→"设计特征"→"垫块"。
- 工具条："特征"工具条→"垫块"按钮。

图 5-19 "垫块"对话框

【操作说明】：执行上述命令后，打开如图 5-19 所示的
"垫块"对话框，其中"矩形"选项用于创建常用的矩形垫
块；"常规"选项用于创建通用垫块。本书仅介绍矩形垫块
的创建方法。

单击"矩形"按钮，首先选择放置面，然后选择水平参考，设置垫块参数，最后定位
垫块，完成创建垫块的操作。矩形垫块的参数说明如图 5-20 所示。

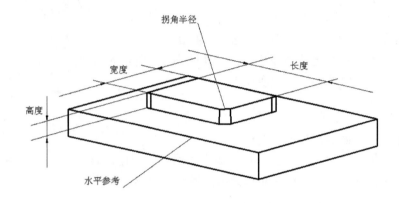

图 5-20 矩形垫块的参数说明

5.2.4 腔体

【功能】：创建腔体。

【操作命令】：

- 菜单命令："插入"→"设计特征"→"腔体"。
- 工具条："特征"工具条→"腔体"按钮。

图 5-21 "腔体"对话框

【操作说明】：执行上述命令后，打开如图 5-21 所示
的"腔体"对话框。利用该对话框可以创建圆柱形腔体、
矩形腔体和一般腔体。本书对一般腔体不作介绍。

在"腔体"对话框中单击"圆柱坐标系"(用于创建圆
柱形腔体)或"矩形"按钮后，首先选择放置面(如果是矩形
腔体，还需指定水平参考)，然后设置腔体参数，最后定位腔体，完成创建腔体的操作。圆
柱形腔体和矩形腔体的参数说明如图 5-22 和图 5-23 所示。

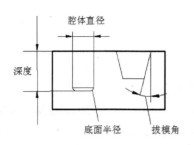

图 5-22 圆柱形腔体参数说明

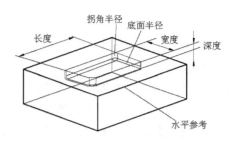

图 5-23 矩形腔体参数说明

5.2.5 键槽

【功能】：创建键槽。

【操作命令】：

● 菜单命令："插入"→"设计特征"→"键槽"。

● 工具条："特征"工具条→"键槽"按钮。

【操作说明】：执行上述命令后，打开如图 5-24 所示的"键槽"对话框。图中的各选项说明如下。

图 5-24 "键槽"对话框

1. 矩形槽

【功能】：创建截面为矩形的键槽。

【操作说明】：选中该单选按钮后，单击"确定"按钮。首先选择水平参考，设置键槽参数，最后定位键槽，完成创建矩形键槽的操作。矩形键槽的参数说明如图 5-25 所示。

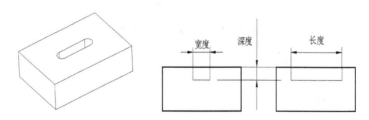

图 5-25 矩形键槽的参数说明

2. 球形端槽

【功能】：创建球形末端的键槽。

【操作说明】：操作过程与"矩形槽"选项相同，参数说明如图 5-26 所示。

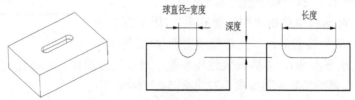

图 5-26 球形端槽的参数说明

3. U 形槽

【功能】：创建 U 形键槽。

【操作说明】：操作过程与“矩形槽”选项相同，参数说明如图 5-27 所示。

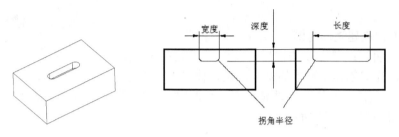

图 5-27　U 形槽的参数说明

4. T 形键槽

【功能】：创建 T 形键槽。

【操作说明】：操作过程与“矩形槽”选项相同，参数说明如图 5-28 所示。

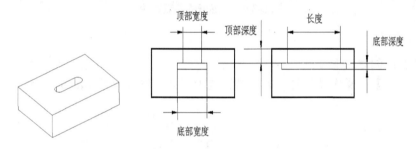

图 5-28　T 形键槽的参数说明

5. 燕尾槽

【功能】：创建燕尾槽。

【操作说明】：操作过程与“矩形槽”选项相同，参数说明如图 5-29 所示。

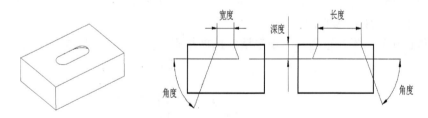

图 5-29　燕尾槽的参数说明

5.2.6　槽

【功能】：在圆柱形或圆锥形表面创建沟槽。

【操作命令】：

● 菜单命令：“插入”→“设计特征”→“槽”。

● 工具条："特征"工具条→"槽"按钮。

【操作说明】：执行上述命令后，打开如图 5-30 所示的"槽"对话框。图中的各选项说明如下。

1. 矩形

【功能】：创建矩形沟槽。

图 5-30 "槽"对话框

【操作说明】：单击该按钮后，首先选择放置面，最后定位键槽，完成创建矩形槽的操作。定位槽时，首先选择目标体边缘，然后选择槽工具体边缘或中心线(槽"刀具"临时显示为一个圆盘)，通过指定两者之间的距离定位槽。矩形槽的参数说明如图 5-31 所示。

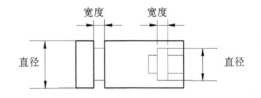

图 5-31 矩形槽的参数说明

2. 球形端槽

【功能】：创建球形端槽。

【操作说明】：操作过程与"矩形槽"选项相同，参数说明如图 5-32 所示。

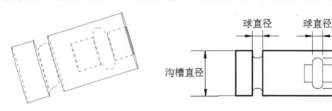

图 5-32 球形端槽的参数说明

3. U 形沟槽

【功能】：创建 U 形沟槽。

【操作说明】：操作过程与"矩形槽"选项相同，参数说明如图 5-33 所示。

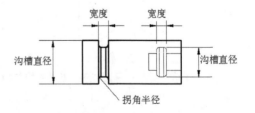

图 5-33 U 形沟槽的参数说明

5.3　参　考　特　征

参考特征是构造工具，用于辅助在要求的位置与方位建立特征和草图等。有 3 种类型的参考特征：基准平面、基准轴和基准坐标系，其中基准平面是最常用的工具。

在 NX 设计过程中，参考特征的一些常见应用如下。

- 作为成型特征和草图的放置面。
- 作为草图或成型特征的定位参考。
- 作为镜像操作的对称平面。
- 作为修剪平面。
- 作为基本扫描特征的拉伸方向或旋转轴。

5.3.1　基准平面

选择"插入"→"基准/点"→"基准平面"菜单命令或单击"特征"工具条中的"基准平面"按钮，打开如图 5-34(a)所示的"基准平面"对话框，基准平面以边框(或半透明)显示。NX 允许控制基准平面的显示大小，如图 5-34(b)所示。

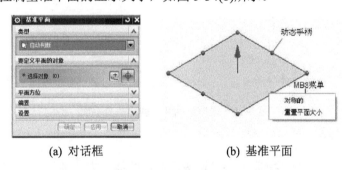

(a) 对话框　　　　　　　　　(b) 基准平面

图 5-34　"基准平面"对话框和动态基准平面

利用该对话框可根据需要选择不同的方法创建基准平面。基准平面的创建说明如表 5-1 所示。

表 5-1　平面的创建方法与相关说明

图　标	平面类型	平面描述和构造方法
	自动判断	系统根据选择的对象，决定最可能使用的平面类型
	点和方向	通过指定的参考点并垂直于定义的矢量
	曲线上	创建一个与曲线/边上一点的法线或切线相垂直的基准平面
	按某一距离	通过选择平面对象和指定距离创建偏置基准平面
	成一角度	通过指定的旋转轴并与一个选定的平面成一角度的基准平面
	二等分	选择两个平行平面，创建与它们等距离的中心基准平面
	曲线和点	通过一个指定的点，并通过选择另外一个条件确定基准平面的法向

续表

图 标	平面类型	平面描述和构造方法
	两直线	通过选择两条直线定义一个基准平面
	相切平面	与选中的曲面相切并受限于另外一个选中的对象
	通过对象	根据选中的对象自动创建基准平面
YC-ZC 平面		
XC-ZC 平面		
XC-YC 平面	固定基准平面	创建工作坐标系的主平面或利用系数确定基准平面

1. (自动判断)

选择该选项后，系统根据所选择的对象自动判断可以创建的基准平面，此时显示基准面的预览，并用箭头显示基准平面的法线方向。单击对话框中的"法线反向"按钮，可改变法线方向，单击"确定"按钮可创建基准平面。在图 5-34 中，单击"自动判断"按钮后，选择圆柱面，显示如图 5-35(a)所示的基准面的预览，单击"确定"按钮可创建如图 5-35(b)所示的基准平面。

(a) 基准平面预览　　　　　　　　(b) 创建的基准平面

图 5-35　根据自动判断创建基准平面

2. (点和方向)

选择该选项后，利用"捕捉点"工具条设置点的捕捉方式并选择某个点，系统自动判断基准平面的法线方向。或者通过选择某个对象(如直线或平面)确定基准平面的法向，也可通过单击"法向"选项组的按钮右侧的箭头指定基准平面的法向，最后单击"确定"按钮创建基准平面。

如图 5-36(a)所示，单击"自动判断"按钮后，选择边上的点，创建的基准平面如图 5-36(b)所示。

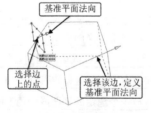

(a) 选择点和方向　　　　　　　　(b) 创建的基准平面

图 5-36　根据点和方向创建基准平面

3. (曲线上)

选择该选项后，选择曲线上的一个点，则显示通过该点的基准面的预览。如图 5-37(a) 所示，基准平面的法向为曲线的切向，可通过"位置"文本框设置所选点与该曲线起始点的距离确定基准平面的位置。单击"曲线"列表的"反向"按钮，可翻转曲线起点和终点的位置。

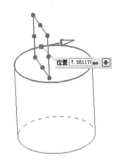 

(a) 选择曲线上的点　　　　　　　　(b) 创建的基准平面

图 5-37　通过曲线上的点创建基准平面

> 提示：　通常选择曲线上的某个点后，可能存在若干个不同的基准平面。单击"备选解"按钮，可在可能的若干个解中切换，最后单击"确定"按钮创建基准平面。

4. (按某一距离)

通过指定与选定平面/基准平面的偏置距离创建基准平面。选择该选项后，选择某个平面/基准平面，在"偏置"选项组中设置所要创建的基准平面与所选平面的距离，最后单击"确定"按钮创建基准面，如图 5-38(a)和(b)所示。

如果在"平面的数量"文本框中设置所创建的基准平面的数量大于 1，可创建多个距离为"偏置"选项组中设定值的多个基准平面，如图 5-38(c)所示。

  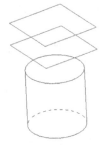

(a) 选择表面并设置偏置距离　　　(b) 创建的基准平面　　　(c) 创建多个基准平面

图 5-38　通过偏置某一距离创建基准平面

5. (成一角度)

创建与指定平面/基准平面成一角度的基准平面。选择该选项后，选择一个平面/基准平面，然后选择一条直线边缘或基准轴作为通过线，在"角度"文本框中设置基准平面与指定平面的角度，单击"确定"按钮，可创建通过所选直线并与所选平面成指定夹角的基准平面，如图 5-39 所示。

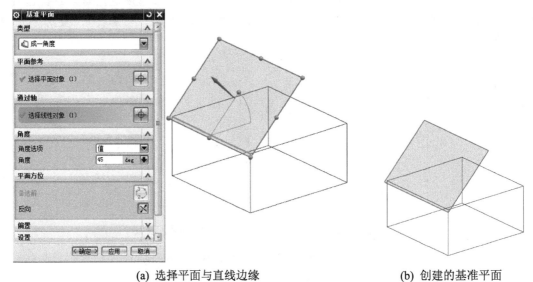

(a) 选择平面与直线边缘　　　　　　　(b) 创建的基准平面

图 5-39　通过与指定平面成一角度创建的基准平面

6. ▨(二等分)

创建位于两个平面/基准平面中间的基准平面。选择该选项后，依次选择两个平面/基准平面。如果所选的两个平面/基准平面平行，则创建平行且位于所选的两个平面/基准平面中间的基准平面，如图 5-40(a)所示；如果所选择的两个平面/基准平面成一定角度，则创建通过两个平面/基准平面的交线并且平分夹角的基准平面，如图 5-40(b)所示。

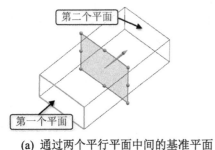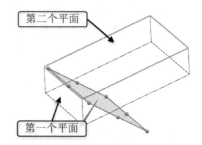

(a) 通过两个平行平面中间的基准平面　　　(b) 通过两个相交平面的基准平面

图 5-40　通过两个平面/基准平面中间的基准平面

7. ▨(曲线和点)

根据指定的曲线、点等对象创建基准平面。选择该选项后，如果依次选择两个点，可创建以所选的两个点定义的方向为法向的基准平面，并通过所选的第一个点，如图 5-41(a)所示；如果依次选择 3 个点，或选择一个点和一条直线(曲线)，则创建这 3 个点或点和直线(曲线)决定的基准平面，如图 5-41(b)所示。

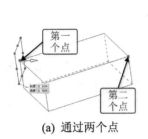
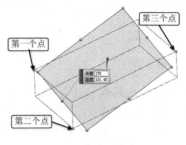

(a) 通过两个点　　　　　　　　　(b) 通过 3 个点

图 5-41　曲线和点创建的基准平面

8. ⬠(两直线)

根据选择的两条直线创建基准平面。选择该选项后，依次选择两条直线，单击"确定"按钮可创建通过这两条直线的基准平面，如图 5-42 所示。

9. ⬜(相切平面)

创建与曲线相切的基准平面。选择该选项后，首先选择要与基准平面相切的曲面，然后选择一个点，则可创建通过指定点与所选曲面相切的基准平面，如图 5-43 所示。

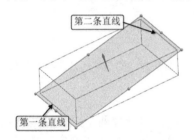
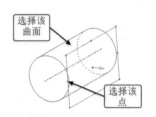

图 5-42　通过两条直线创建基准平面　　　**图 5-43　通过点与圆柱面相切的基准平面**

10. ⬡(通过对象)

根据所选择的对象创建基准平面。选择该选项后，选择某个对象，系统根据对象的特点创建相应的基准平面。如图 5-44 所示，如果选择圆柱面，则创建通过圆柱轴线的基准平面，如图 5-45 所示。

图 5-44　通过圆柱轴线的基准平面　　　**图 5-45　"基准轴"对话框**

5.3.2　基准轴

选择"插入"→"基准/点"→"基准轴"菜单命令，或单击"特征"工具条中的"基准轴"按钮，打开如图 5-45 所示的"基准轴"对话框。利用该对话框，可根据需要选择不同的对象创建基准轴。常用的创建基准轴的方法如下。

1. ⚡(自动判断)

根据系统的自动判断创建基准轴。选择该选项后，选择用于创建基准轴的对象，系统根据所选的对象自动判断可以创建的基准轴。如图 5-46 所示，选择该选项后选择圆柱面，可创建通过圆柱轴线的基准轴。

2. ↖(点和方向)

根据指定的点和方向创建基准轴。选择该选项后，利用"捕捉点"工具条选择一个点，此时矢量定义下拉列表框选项为 ⚡(自动判断的矢量)。可以接受默认的矢量方向，也可以选择对象(如直线等)定义矢量方向，也可在该下拉列表框中选择 ⚡(矢量构造器)，打开"矢量构造器"对话框定义矢量。

图 5-47 所示，选择该选项后，选择圆柱底面圆上的一点，然后选择圆柱面，单击"确定"按钮，可创建通过所选点并平行于圆柱轴线的基准轴。

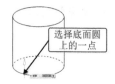

图 5-46　通过自动判断创建基准轴

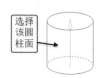

图 5-47　通过点和方向创建基准轴

3. ⁄(两点)

根据指定的两个点创建基准轴。选择该选项后，依次选择两个点定义基准轴，基准轴的方向默认为由所选的第一点指向第二点，如图 5-48 所示。单击"反向"按钮，可反转基准轴的方向。

4. ⤳(曲线上矢量)

根据指定的曲线上的点创建基准轴。选择该选项后，选择曲线上的一个点，通过该点的基准轴预览如图 5-49 所示。如果选中"弧长百分比"复选框，可在文本框中通过百分比设置点在曲线上的位置，否则可通过弧长设置点的位置。当选择点后，系统自动将曲线在该点的切线方向作为基准轴的方向；也可选择某个对象(如直线)定义轴线方向。

图 5-48　通过两点创建基准轴

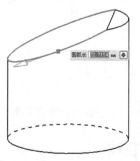

图 5-49　通过曲线上的点创建基准轴

5. XC 轴、YC 轴、ZC 轴(固定基准)

　　创建固定基准轴。选择该选项后，在如图 5-50 所示的"基准轴"对话框下拉列表框中选择某个选项，单击"确定"按钮，可创建指定的固定基准轴线。在对话框下拉列表框中选择"ZC 轴"选项，单击"确定"按钮，创建的固定基准轴线如图 5-51 所示。

图 5-50　"基准轴"对话框

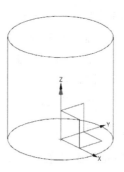

图 5-51　选择 ZC 轴创建的基准轴

5.4　成型特征范例解析

5.4.1　转轴创建范例

　　转轴零件图及模型如图 5-52 所示。

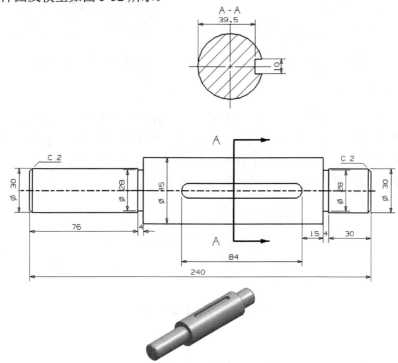

图 5-52　转轴零件图及模型

1. 新建部件文件

启动 UG NX，选择"文件"→"新建"菜单命令，建立名为 zhuanzhou.part 的部件文件，单位为 mm，然后进入建模应用模块。

2. 创建圆柱

选择"插入"→"设计特征"→"圆柱体"，打开"圆柱"对话框，在"类型"下拉列表中选择"轴、直径和高度"选项；在"轴"栏"指定矢量"中选择圆柱的创建方向，本例选择"YC 轴"，在"指定点"中单击"点对话框"按钮，确定所建圆柱的圆心，本例选择坐标原点；在"尺寸"栏中设置圆柱的"直径"为 300、"高度"为 80，单击"确定"按钮创建圆柱，如图 5-53 所示。

3. 创建第一个凸台

单击"特征"工具条中的"凸台"按钮，选择上述创建的圆柱的顶面为放置面，设置凸台的直径为 45，高度为 126，拔模角为 0，单击"确定"按钮，在打开的"定位"对话框中选择"点到点"定位方式，选择如图 5-53 所示的圆柱顶面边缘，在随后打开的对话框中单击"圆弧中心"按钮创建凸台，如图 5-54 所示。

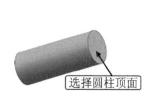

图 5-53 创建圆柱

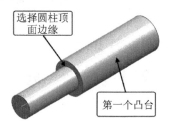

图 5-54 创建第一个凸台

4. 创建第二个凸台

单击"特征"工具条中的"凸台"按钮，选择上述创建的圆柱的顶面为放置面，设置凸台的直径为 30，高度为 34，拔模角为 0，单击"确定"按钮，在打开的"定位"对话框中选择"点到点"定位方式，选择如图 5-54 所示的圆柱顶面边缘，在随后打开的对话框中单击"圆弧中心"按钮创建凸台，如图 5-55 所示。

图 5-55 创建第二个凸台

5. 创建基准平面 1、2

单击"特征"工具条中的"基准平面"按钮，在打开对话框的"类型"下拉列表中选择"通过对象"选项，选择图 5-55 所示的圆柱面，调整基准面大小后单击"应用"按钮,创建通过该圆柱轴线的基准平面 1,如图 5-56 所示。

在"基准平面"对话框中单击"自动判断的平面"按钮,仍然选择图 5-55 所示的圆柱面,单击"确定"按钮创建与圆柱面相切的基准平面 2,如图 5-57 所示。

图 5-56 创建基准平面 1

图 5-57 创建基准平面 2

6. 创建键槽

(1) 选择放置面和水平参考。

单击"特征"工具条中的"键槽"按钮,在打开的对话框中选中"矩形槽"单选按钮,选择基准平面 2 为放置面,选择基准平面 1 为水平参考,设置键槽的长度为 84、宽度为 10、高度为 5.5,单击"确定"按钮,如图 5-58 所示。

(2) 设置渲染样式。在绘图区中单击鼠标右键,在弹出的快捷菜单中选择"渲染样式"→"静态线框"命令,设置模型以线框方式显示。

图 5-58 键槽参数

(3) 定位键槽。在打开的"定位"对话框中选择"直线至直线"定位方式,选择如图 5-59 所示的基准平面 1 为目标体,选择键槽长度方向的中心线为工具体。然后在"定位"对话框中单击"水平"按钮,选择圆台顶面边缘,在随后打开的"设置圆弧的位置"对话框中单击"圆弧中心"按钮,选择如图 5-60 所示键槽宽度方向的对称中心为工具体,在随后打开的对话框设置距离为 57mm,单击"确定"按钮创建键槽。

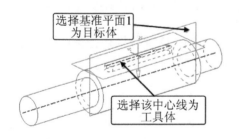

图 5-59 选择第一组定位对象

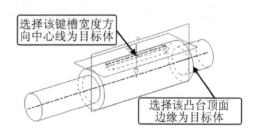

图 5-60 选择第二组定位对象

(4) 设置渲染样式。

在绘图区中单击鼠标右键,在弹出的快捷菜单中选择"渲染样式"→"带边着色"命令,设置模型以着色方式显示,得到的模型如图 5-61 所示。

7. 创建矩形沟槽

(1) 创建第一个矩形沟槽。

单击"特征"工具条中的"槽"按钮📦,在打开的"槽"对话框中单击"矩形"按钮，选择图 5-60 所示圆柱面为放置面，在随后打开的"矩形槽"对话框中设置如图 5-62 所示的沟槽参数，单击"确定"按钮，选择图 5-61 中的圆台顶面边缘为目标边，选择预览的沟槽靠近目标体的边缘为刀具边。在随后打开的"创建表达式"对话框中设置距离为 0，单击"确定"按钮创建沟槽，得到的模型如图 5-63 所示。

图 5-61 创建键槽	图 5-62 第一个沟槽参数	图 5-63 创建第一个沟槽

(2) 创建第二个矩形沟槽。同法在图 5-63 的另一圆柱面上创建参数相同的沟槽，如图 5-64 所示。

8. 创建边缘倒角

在"特征"工具条中单击"倒斜角"按钮 ，在系统弹出的"倒斜角"对话框中单击"输入选项"下的"对称偏置"按钮 ，在"偏置"文本框中输入 2，移动鼠标选择需要倒角的边，单击"确定"按钮，完成倒斜角操作，如图 5-65 所示。

图 5-64 创建第二个沟槽	图 5-65 创建倒角

9. 隐藏基准平面

在绘图区中选择创建的两个基准平面，单击鼠标右键，在弹出的快捷菜单中选择"隐藏"选项，将基准平面隐藏。

10. 保存文件

选择"文件"→"关闭"→"保存并关闭"菜单命令，保存并关闭部件文件。

5.4.2 闸板创建范例

闸板范例如图 5-66 所示。

1. 新建文件

新建 UG NX，选择"文件"→"新建"菜单命令，选择目录，建立名为 zhaban.part 的部件文件，单位为 mm，然后进入建模应用模块。

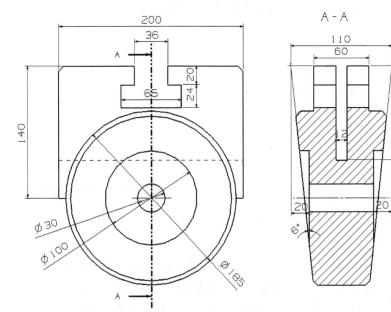

图 5-66　闸板范例

2. 创建圆柱

选择"插入"→"设计特征"→"圆柱体"菜单命令，打开"圆柱"对话框，在"类型"下拉列表中选择"轴、直径和高度"选项；在"轴"栏"指定矢量"中选择圆柱的创建方向，本例单击"YC 轴"按钮，在"指定点"中单击"点对话框"按钮，确定所建圆柱的圆心，本例选择坐标原点；在"尺寸"栏中设置圆柱的"直径"为 185、"高度"为110，单击"确定"按钮创建圆柱。

设置视图方向为正三轴测图，渲染样式为静态线框。

3. 创建基准平面 1、2、3

单击"特征"工具条中的"基准平面"按钮 $\square$，在打开"基准平面"对话框的"类型"下拉列表中选择"通过对象"选项，选择圆柱面，调整基准面大小后单击"应用"按钮创建通过该圆柱轴线的基准平面 1，如图 5-67 所示。

在"基准平面"对话框中选择"曲线和点"选项，在"捕捉点"工具条中仅激活"象限点"捕捉方式，依次捕捉如图 5-68 所示的 3 个象限点，单击"应用"按钮创建基准平面 2。

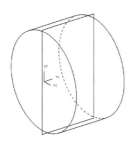

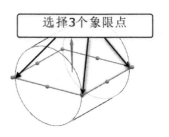

图 5-67　创建基准平面 1　　　　　图 5-68　创建基准平面 2

在"基准平面"对话框中选择"二等分"选项，依次选择如图 5-69 所示的圆柱顶面和底面，单击"确定"按钮，创建如图 5-70 所示的位于圆柱两个面中间的基准平面 3。

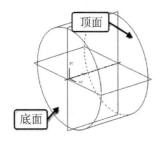

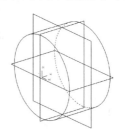

图 5-69　选择底面和顶面　　　　　图 5-70　创建基准平面 3

4. 创建矩形垫块

(1) 选择放置面和水平参考。

单击"特征"工具条中的"垫块"按钮，在随后打开的对话框中单击"矩形"按钮，选择水平方向的基准平面 2 为放置面，此时在基准平面下方显示如图 5-71 所示的箭头，该箭头表示所要创建的垫块将位于基准平面的下方，在打开的对话框中单击"反向默认侧"按钮，然后选择位于圆柱高度中心的基准平面 3 作为水平参考，在随后打开的对话框中设置如图 5-72 所示的垫块参数，单击"确定"按钮。

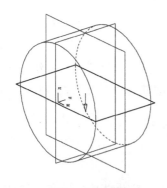

图 5-71　垫块位置　　　　　图 5-72　垫块参数

(2) 定位垫块。

在打开的"定位"对话框中单击"直线至直线"按钮，选择如图 5-73 所示的基准平面为目标体，选择垫块宽度方向的对称中心线为工具体。再次在"定位"对话框中单击"直线至直线"按钮，选择如图 5-74 所示的基准平面为目标体，选择垫块长度方向的对称中心线为工具体，定位后的垫块如图 5-75 所示。

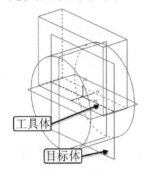

图 5-73　第一组目标体和工具体

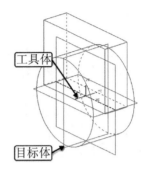

图 5-74　第二组目标体和工具体

5. 创建 T 形槽

(1) 选择放置面和水平参考。

单击"特征"工具条中的"键槽"按钮，在随后打开的对话框中选中"T 形键槽"单选按钮，选择 5-75 图所示的垫块顶面为放置面，选择过圆柱轴线的竖直方向的基准平面为水平参考，在随后打开的对话框中设置如图 5-76 所示的参数，单击"确定"按钮。

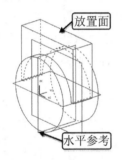

图 5-75　沟槽放置面和水平参考

图 5-76　设置参数

(2) 定位垫块。

在"定位"对话框中单击"直线至直线"按钮，选择如图 5-77 所示的基准平面为目标体，选择键槽宽度方向的对称中心线为工具体；再次在"定位"对话框单击"直线至直线"按钮，选择如图 5-78 所示的基准平面为目标体，选择键槽长度方向的对称中心线为工具体，创建后的 T 形槽如图 5-79 所示。

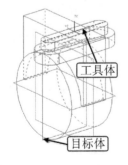

图 5-77　第一组目标体和工具体

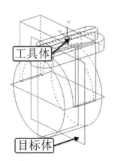

图 5-78　第二组目标体和工具体

6. 创建腔体

(1) 选择放置面和水平参考。

单击"特征"工具条中的"腔体"按钮，在随后打开的对话框中单击"矩形"按钮，选择图 5-79 中的垫块顶面为放置面，垫块顶面长度方向的边为水平参考，设置如图 5-80 所示的参数，单击"确定"按钮。

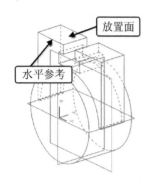

图 5-79 创建的 T 形槽

图 5-80 设置腔体参数

(2) 定位腔体。

在"定位"对话框中单击"直线至直线"按钮，选择如图 5-81 所示垫块的边为目标体，选择腔体的边为工具体；再次在"定位"对话框中单击"直线至直线"按钮，选择如图 5-82 所示的基准平面为目标体，选择腔体宽度方向的对称中心线为工具体，创建的腔体如图 5-83 所示。

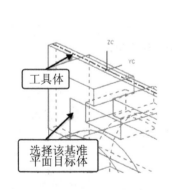

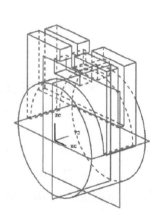

图 5-81 第一组目标体和工具体　　图 5-82 第二组目标体和工具体　　图 5-83 创建的腔体

7. 隐藏基准平面

在绘图区中，将 3 个基准平面选中，单击鼠标右键，在快捷菜单中选择"隐藏"选项，将基准平面隐藏。

8. 创建沉头孔

在"特征"工具条中单击"孔"按钮 ，弹出"孔"对话框，在"形状和尺寸"栏

"成形"下拉列表中选择"沉头孔"；在"尺寸"栏中输入参数"沉头直径"为 100、"沉头深度"为 20、孔"直径"为 30，"深度限制"设为"贯通体"，如图 5-84 所示；单击"位置"栏中的"指定点"按钮，在绘图区选中圆柱底面边缘，在随后打开的对话框中单击"圆弧中心"按钮，最后单击"确定"按钮，完成沉头孔的创建操作，如图 5-85 所示。

9. 创建腔体

选择放置面和水平参考。单击"特征"工具条中的"腔体"按钮，在随后打开的对话框中单击"圆柱坐标系"按钮，选择图 5-85 中的圆柱右侧面为放置面，设置腔体直径为 100，深度为 20，其他参数为默认，单击"确定"按钮。

在打开的"定位"对话框中单击"点到点"按钮，依次选择圆柱顶面边缘为目标，在随后打开的对话框中单击"圆弧中心"按钮，再选择腔体边缘为刀具，在随后打开的对话框中单击"圆弧中心"按钮创建的腔体如图 5-86 所示。

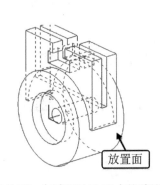

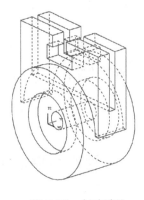

图 5-84　沉头孔参数　　　　图 5-85　创建沉头孔(2)定位腔体　　　　图 5-86　创建腔体

10. 拔模实体表面

单击"特征"工具条中的"拔模"按钮，在打开的对话框中的"类型"选项组单击"从平面或曲面"按钮，选择如图 5-87 所示的实体边确定开模方向，然后选择垫块的顶面，再选择圆柱的顶面和底面。在"角度"文本框中设置拔模角度为-6，最后单击"确定"按钮将圆柱的顶面和底面进行拔模，得到的实体如图 5-88 所示。

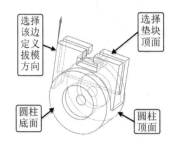

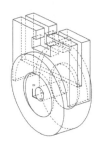

图 5-87　指定拔模方向拔模表面　　　　图 5-88　拔模结果

11. 倒斜角

在"特征"工具条中单击"倒斜角"按钮，在系统弹出的"倒斜角"对话框中单击"输入选项"下的"对称偏置"按钮，在"偏置"文本框中输入 5，移动光标选择需要倒角的边，单击"确定"图标按钮，完成倒斜角操作如图 5-89 所示。

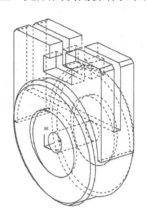

图 5-89　创建倒角

12. 保存文件

选择"文件"→"关闭"→"保存并关闭"菜单命令，保存并关闭部件文件。

习　　题

5-1　创建如图所示的模型。

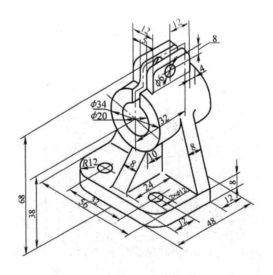

5-2　创建如图所示的模型。

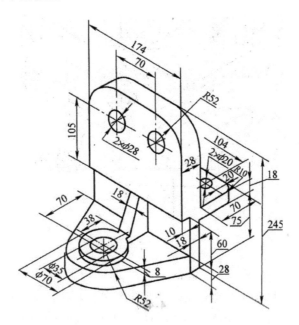

5-3　创建如图所示的模型。

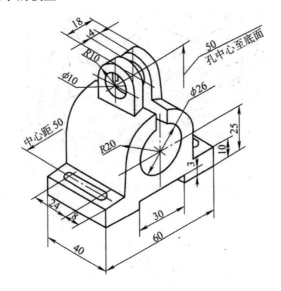

第6章 特 征 操 作

本章要点 ▊▊

- 掌握特征操作的概念。
- 掌握特征操作的具体方法。

技能要求 ▊▊

- 具备正确选用特征操作对实体模型进行修改、编辑的能力。
- 具备修改特征操作的能力。

本章概述 ▊▊

本章介绍常用的特征操作。

特征操作是对实体模型的局部修改，并对模型进行细化，从而创建出更精细、逼真的实体模型。常用的特征操作包括边缘操作(如边倒圆和倒斜角)、面操作(如拔模角、抽壳和偏置面)、实例特征、修剪操作(如修剪体和分割面)和特殊操作(如螺纹)。UG NX 的特征操作同样是基于参数化的，必要时可以对其进行修改。

通过如图 6-1 所示的"特征"工具条进行特征操作。

图 6-1   "特征"工具条

6.1 边 缘 操 作

边缘操作是对实体或片体的边缘应用的一类详细设计特征，主要包括两种方法：边倒圆和倒斜角。

6.1.1 边倒圆

边倒圆是建模过程中非常重要的边缘操作命令，它用于在实体边缘上创建等半径或变半径的边缘圆角。

【操作命令】：

- 菜单命令："插入"→"细节特征"→"边倒圆"。
- 工具条："特征"工具条→"边倒圆"按钮。

【操作说明】：执行上述命令后，打开如图 6-2 所示的"边倒圆"对话框和如图 6-3 所示的"选择意图"工具条。

图 6-2　"边倒圆"对话框　　　　　　图 6-3　"选择意图"工具条

6.1.2　倒斜角

根据指定的倒角尺寸在实体边上倒斜角。

【操作命令】：

● 菜单命令："插入"→"细节特征"→"倒斜角"。

● 工具条："特征"工具条→"倒斜角"按钮。

【操作说明】：执行上述命令后，打开如图 6-4 所示的"倒斜角"对话框。利用该对话框，可以通过以下 3 种方式创建倒角：对称，非对称与偏置和角度，如图 6-5 所示。在后两种倒斜角方式中包含"反向"选项。

倒斜角操作在绘图区中会显示动态操作手柄和动态输入框。在动态手柄上单击右键可以打开快捷菜单，用于在倒角类型之间进行切换；对于"非对称"与"偏置和角度"两种方式，还包括"反向"选项。

图 6-4　"倒斜角"对话框

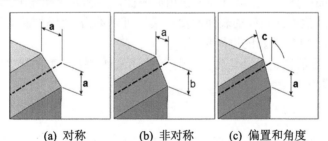

(a) 对称　　　　　　(b) 非对称　　　　　　(c) 偏置和角度

图 6-5　倒斜角的类型

6.2　面　操　作

面操作功能是指对实体或片体的表面进行过渡、拔模和各种偏置操作。面操作需要使用面的"选择意图"工具栏来辅助选择。

6.2.1 拔模

拔模是一种运算程序，它将面更改为具有相对于指定拔模方向的角度。拔模运算程序常用于对模型的竖直面应用斜度，以便从模具中顺利脱模。可以为拔模操作选择一个或多个面，但它们必须都是同一实体的一部分。

至少需要为拔模操作指定以下选项和参数：拔模方向，固定对象，要拔模的面。

【操作命令】：

- 菜单命令："插入"→"细节特征"→"拔模"。
- 工具条："特征"工具条→"拔模"按钮。

【操作说明】：执行上述命令后，打开如图 6-6 所示的"拔模"对话框。利用该对话框可以进行如下 4 种类型的拔模操作。

图 6-6 "拔模"对话框

1. 从平面或曲面

此方式一般常用于使表面从一个垂直于拔模方向的固定平面开始拔模。它允许在一个拔模特征中为不同的表面集添加不同的拔模角度。

创建从固定平面拔模的一般步骤如下。

(1) 拔模方向：单击"指定矢量"后的按钮选择拔模方向，默认的拔模方向是+ZC轴，可以使用矢量方式指定新的拔模方向。

(2) 拔模方法包含两种。

- 固定面：选择平面或者垂直于拔模方向的平面(通过选择平面内一点)作为固定平面。
- 分型面：要拔模的面将在与固定面的相交处进行细分，可根据需要将拔模添加到两侧。

(3) 要拔模的面：在绘图区选择需要拔模的表面，并输入拔模角度。

(4) 如果还有其他不同角度的表面需要拔模，可以单击 "添加新集"后面的按钮，开始选择下一个面组，并输入新的拔模角度。

在如图 6-7 所示的实例中，是为左右两个侧面(Set1)添加 5°的拔模角，为前后两个侧面添加 10°的拔模角。

2. 从边

当希望的拔模边缘不在一个垂直于拔模方向的平面内，而且希望在拔模后这些边缘保持不变时，可以使用从固定边缘拔模的方式。此方式同样可以选择多组拔模角不同的边缘集，还可以对一组边缘做变化角度的拔模。

创建从固定边缘拔模的一般步骤如下。

(1) 默认的拔模方向是+ZC 轴。可以使用矢量方式指定新的拔模方向。

(2) 利用选择意图选择需要拔模的表面的边缘，并输入拔模角度。

(3) (可选步骤)指定可变角度的控制点，并输入可变角度值和点的百分比位置。

(4) (可选步骤)如果还有其他不同角度的表面需要拔模，可以单击右键完成当前的面组并开始选择下一个面组，最后输入新的拔模角度。

图 6-8 所示的实例，是为零件上的肋板添加 10°的拔模，且保持斜边不变。

3. 与多个面相切

如果拔模操作要求对相切面进行拔模，而且在拔模操作之后仍与相邻的面相切，则应该使用"与多个面相切"拔模类型。在选择表面时，应该将相切面同时选中，如图 6-9 所示。此方式只能增加材料。

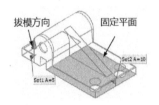

图 6-7　从固定平面拔模　　　　　　　图 6-8　从固定边缘拔模

4. 至分型边

从分型参考边缘创建表面拔模，在执行分割面拔模之前，应该使用分割面功能获得分型边缘。如图 6-10 所示的实例中，首先指定拔模方向，然后指定固定平面为底面，最后选择分型边缘并输入拔模角度。同样可以指定多个拔模角度不同的分型边缘集合。

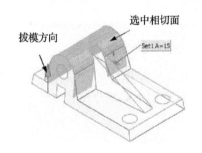

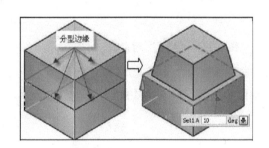

图 6-9　相切面拔模　　　　　　　　图 6-10　拔模到分型边缘

6.2.2　抽壳

根据指定的壁厚在单个实体周围挖空或建立壳体，可以创建等壁厚或不等壁厚的抽壳。默认的抽壳偏置方向是向实体的内部，如果希望向实体的外部增加壁厚，可以单击对话框中的"反向"按钮或者输入负的壁厚值。

【操作命令】：

● 菜单命令："插入"→"偏置/缩放"→"抽壳"。

● 工具条："特征"工具条→"抽壳"按钮。

【操作说明】：执行上述命令后，打开如图 6-11 所示的"抽壳"对话框。利用该对话框，可以进行如下两种类型的抽壳操作。

1. 移除面，然后抽壳

根据指定的移除表面和壁厚进行抽壳。在"抽壳"对话框中单击"选择面"按钮，首先选择需要移除的面，然后指定抽壳实体的壁厚，最后单击"确定"按钮完成抽壳操作。在抽壳操作中，一般需要指定移除面，此时不需要选择实体。

移除表面抽壳可分为以下两种方式。

(1) 等壁厚抽壳：这是最简单且最常用的一种抽壳方式，大部分消费品外壳设计均需要具有均匀的壁厚。在抽壳时，只需要选择移除面并输入壁厚值。如图 6-12 所示为鼠标底座的抽壳。

图 6-11　"抽壳"对话框

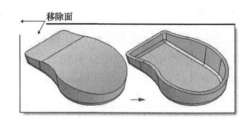

图 6-12　抽壳

(2) 不等壁厚抽壳：在等壁厚抽壳的基础之上，利用对话框中的"备选厚度"栏来指定不同壁厚的表面，单击"添加新集"按钮可以开始下一组不同壁厚面的选择，如图 6-13 所示。

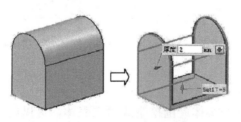

图 6-13　不等壁厚体抽壳

2. 对所有面抽壳

根据指定的厚度值在单个实体内部挖空。在"抽壳"对话框中单击"选择体"按钮，然后选择实体并指定抽壳实体的壁厚，最后单击"确定"按钮完成抽壳操作。

体抽壳可分为以下两种方式。

(1) 等壁厚抽壳：这是最简单且最常用的一种抽壳方式，在抽壳时，只需要选择实体后再输入壁厚值，单击"确定"按钮即可完成等壁厚抽壳操作，如图 6-14 所示。

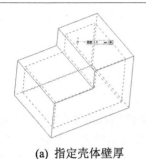

(a) 指定壳体壁厚　　　　　　　　　　(b) 抽壳结果

图 6-14　等壁厚抽壳

(2) 不等壁厚抽壳：在等壁厚抽壳的基础之上，利用"抽壳"对话框中的"备选厚度"选项来指定不同壁厚的表面，单击"添加新集"按钮 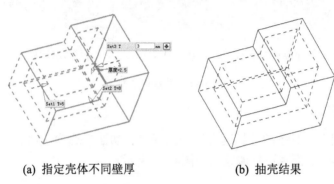可以开始下一组不同壁厚面的选择，最后单击"确定"按钮即可完成不等壁厚抽壳操作，如图 6-15 所示。

(a) 指定壳体不同壁厚　　　　　　　　(b) 抽壳结果

图 6-15　不等壁厚抽壳

6.2.3　偏置面

指沿面的法向偏置一个体的一个或多个表面区域。

【操作命令】：
- 菜单命令："插入"→"偏置/缩放"→"偏置面"。
- 工具条："特征"工具条→"偏置面"按钮。

【操作说明】：执行上述命令后，打开如图 6-16 所示的"偏置面"对话框和"选择意图"工具条。在"偏置面"对话框中设置偏置距离，在"选择意图"工具条下拉列表中选择需要偏置的面的类型，然后在绘图选择要偏置的面，最后单击"确定"按钮完成偏置操作。

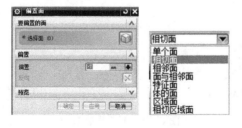

图 6-16　"偏置面"对话框和"选择意图"工具条

根据"选择意图"工具条中的下拉列表框的选项，可实现以下几种形式的偏置操作。

1. 偏置单个表面

在"选择意图"工具条的下拉列表框中选择"单个面"选项，将所选的表面沿该面的法向偏置指定的距离。

在如图 6-17 所示的实例中，在制作加强筋时，由于使用拉伸功能创建加强筋，使得加强筋实体与原来实体相交于一条线，这样是不能应用布尔运算的，如图 6-17(a)所示。如图 6-17(b)所示，将实体的一个表面偏置一定距离之后，可以顺利完成布尔运算操作，结果如图 6-17(c)所示。

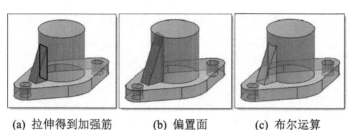

(a) 拉伸得到加强筋   (b) 偏置面   (c) 布尔运算

图 6-17 偏置单个面

2. 偏置相切表面

在"选择意图"工具条的下拉列表框中选择"相切面"选项，然后选择某个曲面，则与该曲面相切的其他表面也进行偏置，如图 6-18 所示。

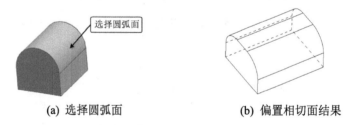

(a) 选择圆弧面   (b) 偏置相切面结果

图 6-18 偏置相切面

3. 偏置相邻表面

在"选择意图"工具条的下拉列表框中选择"相邻面"选项，然后选择某个曲面，则与曲面相邻的其他表面也进行偏置，如图 6-19 所示。

(a) 选择偏置面   (b) 偏置相邻面结果

图 6-19 偏置相邻表面

4.偏置整个实体

在"选择意图"工具条的下拉列表框中选择"体的面"选项，然后选择实体任意表面，则实体的所有表面均被偏置。

6.3 阵 列 特 征

由于所有的阵列特征都是相关联的，因此，对其中的一个特征进行参数编辑，其余的阵列都会随之改变。可以定义矩形阵列或圆周阵列、

【操作命令】：

- 菜单命令："插入"→"关联复制"→"阵列特征"。
- 工具条："特征"工具条→"阵列特征"按钮。

【操作说明】：执行上述命令后，打开如图 6-20 所示的"阵列特征"对话框。常用的 4 种阵列特征操作如下。

图 6-20 "阵列特征"对话框

6.3.1 线性阵列

【功能】：线性阵列是以定义的矢量方向进行的阵列，可以为阵列的偏置值输入正值或负值(负值表示- XC 或- YC 方向)。

【操作说明】：在"阵列特征"对话框的"布局"下拉列表中选择单击"线性"选项，单击"方向 1"中的"指定矢量"按钮，确定"方向 1"并且设定在该方向的"数量"和"节距"；然后单击"方向 2"中的"指定矢量"按钮，确定"方向 2"并且设定在该方向的数量和节距，具体设置如图 6-21 所示。最后在绘图区选取需要阵列的特征，单击"确定"按钮进行阵列。

图 6-21 线性阵列相关设置

【实例】：创建如图 6-22 所示的实体，然后为其沉头孔进行矩形阵列。阵列参数设置如图 6-23 所示，阵列结果如图 6-24 所示。

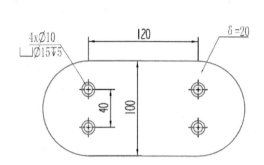

图 6-22　线性阵列特征实例

图 6-23　线性阵列参数设置

(a) 选择阵列特征(沉头孔)

(b) 线性阵列沉头孔

图 6-24　线性阵列特征实例

6.3.2　圆形阵列

【功能】：圆周阵列是以指定的旋转轴进行特征的旋转阵列。旋转轴的指定方式包括"点和矢量"和"基准轴"两种方式。

【操作说明】：在"阵列实例"对话框的"布局"下拉列表框中选择"圆形"选项，单击"环形阵列"按钮，在打开的如图 6-25 所示的"阵列特征"对话框中选择需要阵列的对象(或者直接在绘图区选取需要阵列的特征)。如随后在"边界定义"下的"旋转轴"项目中，单击"指定矢量"按钮，在绘图区确定或者通过"矢量"对话框定义圆形阵列的中心线。单击"指定点"按钮，在绘图区确定或者通过"点"对话框定义阵列中心点；在"角度和方向"下的"间距"下拉列表中选择"数量和节距"选项，并且分别在"数量"和"节距角"文本框中设置阵列的数目和圆形阵列间隔的角度；单击"确定"按钮完成圆形阵列操作。

【实例】：创建如图 6-26 所示的实体，然后为其简单孔进行圆形阵列。阵列参数设置如图 6-26 所示，阵列结果如图 6-27 所示。

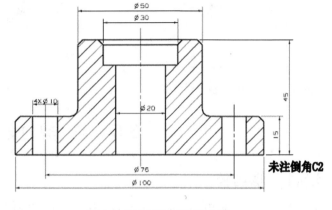

图 6-25　"阵列特征"对话框　　　　图 6-26　圆形阵列特征实例

提示：　在进行特征阵列时，请注意以下问题。

(1) 是线性阵列还是圆形阵列，阵列的数量是指包含原始特征的总数量。

(2) 阵列特征具有相同的时间戳，可以选择任何一个来编辑特征参数或阵列参数。

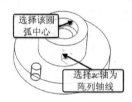

(a) 选择阵列特征　　　　(b) 指定阵列轴线　　　　(c) 圆形阵列圆孔

图 6-27　圆形阵列应用示例

6.4　镜 像 特 征

【功能】：镜像特征是通过基准平面或平的表面镜像选定特征的方法来创建对称的模型。

【操作命令】：

● 菜单命令："插入"→"关联复制"→"镜像特征"。

【操作说明】：执行上述命令后，打开如图 6-28 所示的"镜像特征"对话框。首先在绘图区选择要镜像的特征，单击"镜像平面"栏的"选择平面"按钮，选择某个平面或基准平面，最后单击"确定"按钮，则以指定平面或基准平面为对称平面镜像所选特征。

【实例】 如图 6-29 所示为镜像特征一个实例。该实例以实体的左端面为镜像平面，对长方体、两个孔和键槽进行镜像。

图 6-28 "镜像特征"对话框

(a) 镜像前   (b) 镜像后

图 6-29 镜像特征

6.5 修 剪 操 作

6.5.1 修剪体

【功能】：利用一个面、基准平面或其他几何体修剪一个或多个目标体。

【操作命令】：

● 菜单命令："插入"→"修剪"→"修剪体"。

● 工具条："特征"工具栏→"修剪体"按钮。

【操作说明】：执行上述命令后，打开如图 6-30 所示的"修剪体"对话框，首先选择需要修剪的实体，然后选择修剪面，最后单击"确定"按钮，可将选定的实体进行修剪。

图 6-30 "修剪体"对话框

提示： 可用的修剪面有平面、圆柱面、球面、圆锥面和圆环面。

【实例】 如图 6-31 所示为利用基准平面修剪实体的实例，操作步骤如下。

(1) 创建如图 6-31(a)所示的模型。

(2) 将实体修剪。选择实体。单击"特征"工具条中的"修剪体"按钮，选择绘图区中的实体，单击"工具栏"的"指定平面"按钮，然后选择图中的基准平面，最后单击"确定"按钮，完成修剪操作，如图 6-31(b)所示。

(a) 选择基准平面为修剪平面

(b) 修剪结果

图 6-31 修剪实体

6.5.2　分割面

【功能】：利用一个面、基准平面或其他几何体分割一个或多个目标体。

【操作命令】：

- 菜单命令："插入"→"修剪"→"分割面"。
- 工具条："特征"→"分割面"按钮。

【操作说明】：执行上述命令后，打开如图 6-32 所示的"分割面"对话框，首先在绘图区选择要分割的面，然后单击"分割对象"选项组中的"选择对象"按钮，在图形窗口选择某个面作为分割工具，最后单击"确定"按钮完成操作。

图 6-32　"分割面"对话框

提示：　若以某个面分割整个实体表面，将会弹出一个对话框提示某些实体表面未被指定的面分割，单击"确定"按钮关闭对话框即可。

【实例】　如图 6-33 所示为利用基准平面分割实体表面的实例，操作步骤如下。

(1) 创建如图 6-33(a)所示的模型。

(2) 将实体表面分割。选择要分割的面。单击"特征操作"工具条中的"分割面"按钮，首先单击"选择面"按钮，选择要分割的面，然后单击"选择对象"按钮，在绘图区选择基准平面作为分割工具，最后单击"确定"按钮完成操作。分割结果如图 6-33(b)所示。

(a) 选择基准平面为分割工具　　　　(b) 分割结果

图 6-33　分割实体

6.6　特　殊　操　作

6.6.1　螺纹

【功能】：在具有回转面的特征上生成符号螺纹或详细螺纹。这些特征包括圆孔、圆柱和圆台等。

【操作命令】：

- 菜单命令："插入"→"设计特征"→"螺纹"。
- 工具条："特征"工具条→"螺纹"按钮。

【操作说明】：执行上述命令后，打开如图 6-34 所示的"螺纹"对话框，各选项说明如下。

- 符号：该选项创建符号螺纹。螺纹以虚线圆圈的形式显示在螺纹所在面上，如图 6-35(a)所示。符号螺纹一旦生成就不能复制或引用，但在生成时可以生成多个副本和可引用副本。该选项为默认选项。

- 详细：该选项创建符号螺纹。螺纹看起来更逼真，如图 6-35(b)所示。但由于其几何形状和显示比较复杂，生成和更新都需要较多的时间。详细螺纹使用内嵌的默认参数表，建立后可以复制或引用。

- 大径：螺纹大径。对于符号螺纹，有查找表提供默认值。

- 小径：螺纹小径。对于符号螺纹，有查找表提供默认值。

- 螺距：对于符号螺纹，有查找表提供默认值。

- 角度：螺纹角。对于符号螺纹，有查找表提供默认值。

- 标注：引用为符号螺纹提供默认值的螺纹表条目。

图 6-34 "螺纹"对话框

- 螺纹钻尺寸：轴尺寸/钻头尺寸。外螺纹显示轴尺寸，内螺纹显示钻头尺寸。对于符号螺纹，有查找表提供默认值。

- 方法：定义螺纹的加工方法。

- 成形：决定用哪一个查找表获取参数默认值，常用的选项为公制。

- 螺纹头数：指定要生成单头螺纹还是多头螺纹，当设置为 1 时，创建单头螺纹。

- 锥形：选中该复选框，则螺纹被拔锥。

- 完整螺纹：选中该复选框，则在选中表面的全部长度上生成螺纹。

- 长度：用于设置螺纹长度。该长度从螺纹的起始面开始测量。

- 手工输入：选中该复选框，则手工输入"大径""小径""螺距"和"角度"等参数。

- 从表格中选择：单击该按钮，则打开对话框，从列表中选择螺纹规格。

- 右键：设置螺纹旋向为右旋。

- 左键：设置螺纹旋向为左旋。

- 选择起始：单击该按钮，可选择实体的某个对象以确定螺纹的起始位置。

在建立螺纹时，首先选择螺纹类型，然后指定螺纹所在面，设置螺纹参数，最后单击"确定"按钮创建螺纹。

(a) 符号螺纹

(b) 详细螺纹

图 6-35 螺纹

6.6.2　缩放体

【功能】：根据指定的比例缩放实体和片体。可以使用均匀、轴对称或常规的比例方式。

【操作命令】：

● 菜单命令："插入"→"偏置/缩放"→"缩放体"。

【操作说明】：执行上述命令后，打开如图 6-36 所示的"缩放体"对话框，利用该对话框可以对实体进行以下 3 种形式缩放。

1. 均匀缩放

【功能】：在所有方向均匀地缩放实体，如图 6-37 所示。

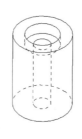 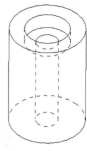

(a) 缩放前　　　　　　　(b) 缩放结果

图 6-36　"缩放体"对话框　　　　　图 6-37　均匀缩放实体

【操作说明】：在"缩放体"对话框的"类型"下拉列表中选择"均匀"选项，在绘图区选择需要缩放的实体，在"比例因子"栏的"均匀"文本框中设置缩放比例；在"选择步骤"选项组中单击"指定点"按钮，此时"捕捉点"工具条可用，选择参考点，最后单击"确定"按钮，则所选实体以参考点为基点按照指定的比例进行缩放。

2. 轴对称缩放

【功能】：以设定的比例因子沿指定的轴对称缩放实体，如图 6-38 所示。

【操作说明】：在"缩放体"对话框的"类型"下拉列表中选择"轴对称"选项，选择需要缩放的实体和参考点后，在"缩放轴"选项组的"指定矢量"下拉列表框中选择缩放方向，在"指定轴通过点"下拉列表框中选择某个选项确定通过点，最后单击"确定"按钮完成操作。

【实例】　如图 6-38 所示为轴对称缩放实体的一个实例，沿轴向缩放比例为 0.6，其他方向缩放比例为 1.5。其中，图 6-38(a)为缩放前的实体；图 6-38(b)为以圆柱轴线为参考轴进行缩放的结果；图 6-38(c)为以 XC 轴为参考轴进行缩放的结果。

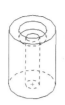

(a) 缩放前

(b) 以圆柱轴线为参考轴

(c) 以 XC 轴为参考轴

图 6-38　轴对称缩放实体

3. 常规缩放

【功能】：在 X、Y、Z 三个方向上以不同的比例缩放实体。

【操作说明】：在"缩放体"对话框的"类型"下拉列表中选择"常规"选项，选择实体后，分别设置"X 向""Y 向""Z 向"三个方向的缩放比例，最后单击"确定"按钮进行缩放，如图 6-39 所示。

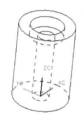

(a) 缩放前

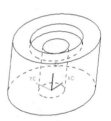

(b) 缩放结果

图 6-39　常规缩放实体

提示：　选择实体后，单击"缩放体"对话框"缩放 CSYS"选项组中的"指定 CSYS"按钮，然后打开"CSYS"构造器。在该对话框中可以根据需要设置参考坐标系。

6.7　特征操作范例解析

6.7.1　端盖创建范例

本节通过如图 6-40 所示的端盖的创建方法(图 6-41 为端盖模型)，重点介绍边倒圆、倒斜角、圆形阵列和修剪体的创建方法。

1. 新建部件文件

启动 UG NX，选择"文件"→"新建"菜单命令，建立名为 duangai.prt 的新部件文件，单位为 mm，然后进入建模应用模块。

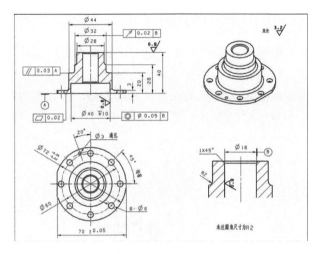

图 6-40　端盖工程图　　　　　　　　　　　图 6-41　端盖模型

2. 创建圆柱

选择"插入"→"设计特征"→"圆柱体"菜单命令，打开"圆柱"对话框中，在"类型"下拉列表中选择"轴、直径和高度"选项；在"轴"栏"指定矢量"中选择圆柱的创建方向，本例单击"ZC 轴"按钮；在"指定点"中单击"点对话框"按钮，确定所建圆柱的圆心，本例选择坐标原点；在"尺寸"栏中设置圆柱的"直径"为 72、"高度"为 3，单击"确定"按钮创建圆柱，如图 6-42 所示。

3. 创建圆台 1

单击"特征"工具条中的"凸台"按钮，选择上述创建的圆柱的顶面为放置面，设置凸台的直径为 44，高度为 17，拔模角为 0，单击"确定"按钮，在打开的"定位"对话框中选择"点到点"定位方式，选择如图 6-42 所示的圆柱顶面边缘，在打开的对话框中单击"圆弧中心"按钮创建凸台，如图 6-43 所示。

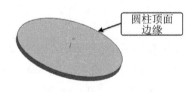

图 6-42　创建圆柱　　　　　　　　　　　图 6-43　创建圆台 1

4. 创建圆台 2

单击"特征"工具条中的"凸台"按钮，选择上述创建的凸台 1 的顶面为放置面，设置凸台的直径为 32，高度为 5，拔模角为 0，单击"确定"按钮，在打开的"定位"对话框中选择"点到点"定位方式，选择如图 6-43 所示的圆台 1 顶面边缘，在打开的对话框中单击"圆弧中心"按钮创建圆台 2，如图 6-44 所示。

5. 创建圆台 3

单击"特征"工具条中的"凸台"按钮，选择上述创建的凸台 2 的顶面为放置面，设置圆柱的直径为 28，高度为 15，，拔模角为 0，单击"确定"按钮在打开的"定位"对话框中选择"点到点"定位方式，选择如图 6-44 所示的凸台 2 顶面边缘，在打开的对话框中单击"圆弧中心"按钮创建圆台，如图 6-45 所示。

图 6-44　创建圆台 2　　　　　　　　　　图 6-45　创建圆台 3

6. 创建沉头孔

单击"特征"工具条中的"孔"按钮，弹出"孔"对话框，在"形状和尺寸"栏的"成形"下拉列表中选择"沉头"；在"尺寸"栏中输入参数"沉头直径"为 40、"沉头深度"为 10、"孔直径"为 16、"深度限制"为"贯通体"；单击"位置"选项组中的"指定点"，在绘图区选择圆柱底面圆弧中心为定位孔中心点，最后单击"确定"按钮，完成沉头孔的创建操作。创建结果如图 6-46 所示。

7. 创建基准平面 1

单击"特征"工具条中的"基准平面"按钮，在打开"基准平面"对话框的"类型"下拉列表中选择"XC-ZC 平面"选项，在"偏置和参考"选项的"距离"文本框中输入 34，单击"确定"按钮创建如图 6-47 所示的基准平面。

8. 修剪实体

单击"特征"工具条中的"修剪体"按钮，首先在绘图区选择整个实体为要修剪的目标体。然后在对话框的"工具"栏中单击"指定平面"按钮，选择如图 6-47 所示的基准平面为修剪面，确定修剪方向后单击"确定"按钮将实体修剪，如图 6-48 所示。

图 6-46　创建沉头孔　　　　图 6-47　创建基准平面 1　　　　图 6-48　修剪实体

9. 创建简单孔

单击"特征"工具条中"孔"按钮，弹出"孔"对话框，在"形状和尺寸"栏中的"成形"下拉列表中选择"简单"选项，设置"直径"为6，参数如图6-49所示。选择孔所在平面，系统弹出如图6-50所示的"草图点"对话框，单击"关闭"按钮，在绘图区定位孔中心点位置，如图6-51所示，单击"完成草图"按钮后，再在返回的"孔"对话框单击"确定"按钮，完成简单孔的创建操作。创建结果如图6-52所示。

图6-49 简单孔参数

图6-50 "草图点"对话框

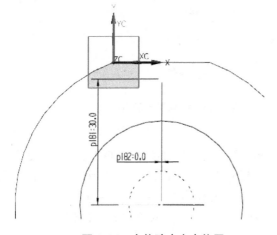

图6-51 定位孔中心点位置

图6-52 创建简单孔

10. 阵列圆孔

选择"插入"→"关联复制"→"阵列特征"菜单命令，打开"阵列特征"对话框，在"布局"下拉列表中选择"圆形"选项；"旋转轴"项目中"指定矢量"选择 ZC 轴，"指定点"选择坐标原点；"角度方向"中的"间距"选择"数量和节距"，"数量"设置为 8，"节距角"设置为 45°。然后在绘图区选择要阵列的圆孔，预览后单击"确定"按钮。完成的圆孔阵列如图6-53所示。

11. 创建简单孔

(1) 创建辅助线。单击如图 6-54 所示的"曲线"工具栏中的"直线"按钮，在随后打开的"直线"对话框中进行设置，如图 6-55 所示。选择圆柱底面圆心为起点，单击"应用"按钮，绘制如图 6-56 所示的第一条直线。再次单击"曲线"工具栏中的"直线"按钮，分别选择圆柱底面圆心为起点，其他设置如图 6-57 所示，绘制与第一条直线成 20°的第二条直线，如图 6-57 所示。最后结果如图 6-58 所示。

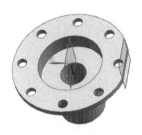

图 6-53　环形阵列圆孔

图 6-54　"曲线"工具栏

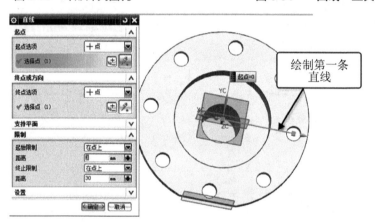

图 6-55　"直线"对话框　　　图 6-56　绘制第一条直线

(2) 创建简单孔。

单击"特征"工具条中"孔"按钮，弹出"孔"对话框，在"形状和尺寸"栏"成形"下拉列表中选择"简单"选项；在"尺寸"栏中输入"直径"为 3，设置"深度限制"为"贯通体"；单击"位置"选项组中的"指定点"，在绘图区选择如图 6-58(a)所示的直线端点为定位孔中心点，最后单击"确定"按钮，完成简单孔的创建操作。创建结果如图 6-59(b)所示。

12. 倒斜角

在"特征"工具条中单击"倒斜角"按钮，弹出"倒斜角"对话框，单击"输入选项"下的对称偏置图标按钮，在"偏置"文本框中输入 1，移动光标选择需要倒角的边(如图 6-59 所示的圆弧边)，单击"确定"按钮，完成倒斜角操作如图 6-59 所示。

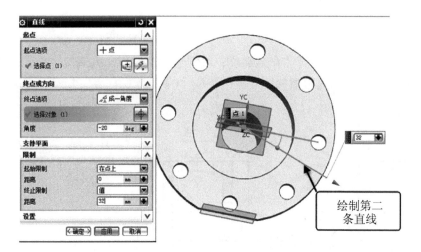

图 6-57   绘制第二条直线

(a) 辅助线   (b) 创建简单孔

图 6-58   简单孔

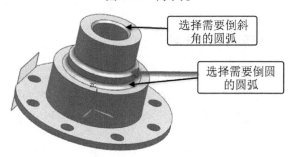

图 6-59   倒斜角和倒圆

13. 创建圆角

单击"特征"工具条中的"边倒圆"按钮 ，选择如图 6-59 所示的圆弧，在"设置半径 1"对话框中设置为 2，单击"确定"按钮创建圆角，如图 6-59 所示。

14. 隐藏基准平面

在绘图区选择已经创建的基准平面和两条直线，单击右键，在弹出的快捷菜单中选择"隐藏"选项，把所选的基准平面全部隐藏。

15. 保存文件

选择"文件"→"关闭"→"保存并关闭"菜单命令，保存并关闭部件文件。

6.7.2 阀体创建范例

本节通过如图 6-60 所示的阀体介绍螺纹、边倒圆、倒斜角、矩形阵列特征、环形阵列特征和镜像特征等操作。创建模型如图 6-61 所示。

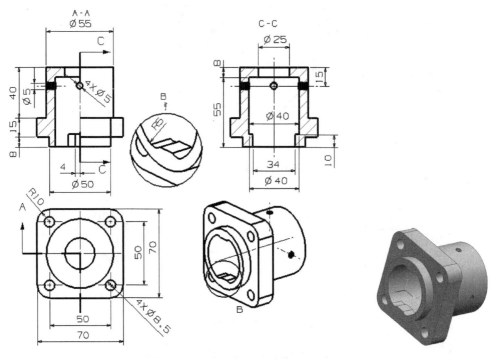

图 6-60　阀体视图　　　　　　　　　　　图 6-61　阀体模型

1. 新建部件文件

启动 UG NX，选择"文件"→"新建"菜单命令，建立名为选择 fati.prt 的新部件文件，单位为 mm，然后进入建模应用模块。

2. 创建圆柱

选择"插入"→"设计特征"→"圆柱体"菜单命令，打开"圆柱"对话框，在"类型"下拉列表中选择"轴、直径和高度"选项；在"轴"栏"指定矢量"中选择圆柱的创建方向，本例单击"YC 轴"按钮；在"指定点"中单击"点对话框"按钮，确定所建圆柱的圆心，本例选择坐标原点；在"尺寸"栏中设置圆柱的直径为 50mm、高度为 8mm，单击"确定"按钮创建圆柱，如图 6-62 所示。

3. 创建基准平面 1

单击"特征"工具条中的"基准平面"按钮 □，在打开"基准平面"对话框的"类型"下拉列表中选择"YC-ZC 平面"选项，在"偏置和参考"选项的"距离"文本框中输入 0，调整基准面大小后单击"应用"按钮创建如图 6-63 所示的基准平面 1。

4. 创建基准平面 2

继续在"基准平面"对话框的"类型"下拉列表中选择"XC-YC 平面"选项，在"偏置和参考"选项的"距离"文本框中输入 0，单击"确定"按钮创建如图 6-64 所示的基准平面 2。

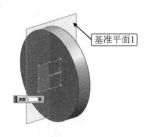

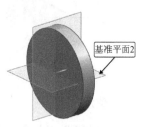

图 6-62 创建圆柱　　　　图 6-63 创建基准平面 1　　　　图 6-64 创建基准平面 2

5. 创建垫块

(1) 选择放置面和水平参考。单击"特征"工具条中的"垫块"按钮，在打开的"垫块"对话框中单击"矩形"按钮，选择第(2)步创建的圆柱右侧面为放置面，在随后打开的"水平参考"对话框中选择垫块放置方向，选择基准面 2 为水平参考，设置垫块的长度为 70、宽度为 70、高度为 15，拐角半径为 10，其余参数为 0，单击"确定"按钮。

(2) 定位垫块。

在随后打开的"定位"对话框中选择"线落在线上"定位方式，选择如图 6-65 所示的基准平面 2 为目标体，选择如图 6-65 所示的垫块长度方向的中心线为工具体。然后在"定位"对话框中选择"线落在线上"定位方式，选择如图 6-66 所示的基准平面 1 为目标体，选择如图 6-65 所示的垫块宽度方向的中心线为工具体，单击"确定"按钮，创建的垫块如图 6-67 所示。

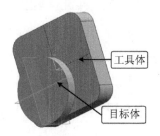

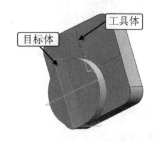

图 6-65 选择第一组目标体和工具体　　　　图 6-66 选择第二组目标体和工具体

6. 创建凸台

(1) 选择放置面。单击"特征"工具条中的"凸台"按钮，选择上述创建的垫块右侧面为放置面，设置圆台的直径为 55，高度为 40，拔模角为 0，单击"确定"按钮。

(2) 定位圆台。在随后打开的"定位"对话框中选择"点到点"定位方式，选择如图 6-67 所示的圆柱底面边缘，在随后打开的对话框中单击"圆弧中心"按钮，单击"确定"创建凸台，如图 6-68 所示。

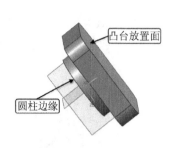

图 6-67　创建的矩形垫块

图 6-68　创建凸台

7. 创建沉头孔

单击"特征"工具条中的"孔"按钮，弹出"孔"对话框，在"形状和尺寸"栏的"成形"下拉列表中选择"沉头"选项，在"尺寸"栏中输入参数"沉头直径"为 40、"沉头深度"为 55、"孔直径"为 25、"深度限制"为"贯通体"；单击"位置"选项组中的"指定点"，在绘图区选择上一步创建的凸台的顶面圆弧中心为定位孔中心点，最后单击"确定"按钮，完成沉头孔的创建操作。创建结果如图 6-69 所示。

8. 创建基准平面 3

单击"特征"工具条中的"基准平面"按钮，在打开"基准平面"对话框的"类型"下拉列表中选择"自动判断"选项，在"偏置"选项的"距离"文本框中输入 17，在绘图区单击如图所示的基准平面，调整基准面大小后单击"确定"按钮，创建如图 6-70 所示的基准平面 3。

图 6-69　创建沉头孔

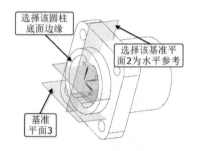

图 6-70　创建基准平面 3

9. 创建垫块

(1) 选择放置面和水平参考。单击"特征"工具条中的"垫块"按钮，在打开的"垫块"对话框中单击"矩形"按钮，选择基准平面 3 为放置面，在随后打开的对话框中单击"接受默认侧"按钮，选择图 6-70 所示的基准面 2 为水平参考，设置垫块的长度为 10，宽度为 8，高度为 5，其余参数为 0，单击"确定"按钮。

(2) 定位垫块。在随后打开的"定位"对话框中选择"线落在线上"定位方式，选择如图 6-71 所示的基准平面 2 为目标体，选择如图 6-71 所示的垫块长度方向的中心线为工具体。在"定位"对话框中选择"水平"定位方式，选择如图 6-72 所示的圆柱底面边缘，在随后打开的对话框中单击"圆弧中心"按钮，然后选择如图 6-72 所示的垫块边缘，在随后打开的"创建表达式"对话框中设置距离为 0，单击"确定"按钮，创建垫块如图 6-73 所示。

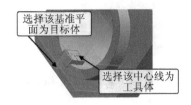

图 6-71　选择第一组目标体和工具体　　　　图 6-72　选择第二组目标体和工具体

10. 创建圆角

单击"特征"工具条中的"边倒圆"按钮　，选择垫块长度方向与孔壁相交的两条直线，在"设置半径 1"对话框中设置为 5，单击"确定"按钮创建圆角，如图 6-74 所示。

11. 镜像垫块和圆角特征

选择"插入"→"关联复制"→"镜像特征"菜单命令，首先在绘图区选择已创建的垫块和两个圆角，然后单击"镜像平面"栏中的"选择平面"按钮，选择如图 6-74 所示的基准平面，单击"确定"按钮镜像垫块和两个圆角，得到的实体如图 6-75 所示。

 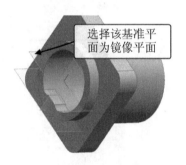

图 6-73　创建垫块　　　　　　　　　　图 6-74　创建圆角

12. 创建基准平面 4

单击"特征"工具条中的"基准平面"按钮　，在打开的"基准平面"对话框的"类型"下拉列表中选择"自动判断"选项，在"偏置"选项的"距离"文本框中输入 27.5，在绘图区单击如图 6-75 所示的基准平面，调整基准面大小后单击"确定"按钮，创建如图 6-76 所示的基准平面 4。

13. 创建简单孔

单击"特征"工具条中"孔"按钮　，弹出"孔"对话框，在"形状和尺寸"栏的"成形"下拉列表中选择"简单"选项，设置"直径"为 5mm，参数如图 6-77 所示。选择孔所在平面，如图 6-77 所示，弹出"草图点"对话框，单击"关闭"按钮，在绘图区定位孔中心点位置，如图 6-78 所示，单击"完成草图"按钮后，再在返回的"孔"对话框单击"确定"按钮，完成简单孔的创建操作。创建结果如图 6-79 所示。

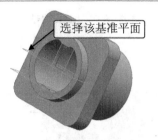

图 6-75　镜像垫块和圆角

图 6-76　创建基准平面 4

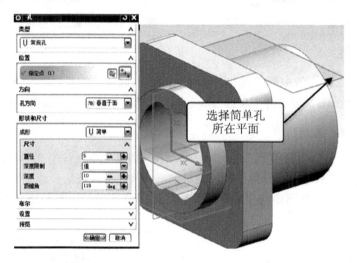

图 6-77　简单孔参数设置及所在平面选择

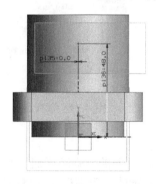

图 6-78　定位孔中心点位置

图 6-79　创建简单孔

14. 创建螺纹

　　单击"特征"工具条中的"螺纹"按钮 ，打开"螺纹"对话框，在"螺纹类型"栏中"详细"单选按钮，选择第 13 步创建的圆孔，然后选择第 12 步创建的基准平面 4 为螺纹的起始平面。在随后打开的对话框中单击"确定"按钮，然后在打开的对话框中接受默认的参数，单击"确定"按钮完成螺纹的创建，如图 6-80 所示。

15. 环形阵列圆孔和螺纹孔

　　选择"插入"→"关联复制"→"阵列特征"菜单命令，打开"阵列特征"对话框，在"布局"下拉列表中选择"圆形"选项；在"旋转轴"项目"指定矢量"中选择 YC 轴，"指定点"选择坐标原点；在"角度方向"的"间距"下拉列表中选择"数量和节距"选项，"数量"设置为 4，"节距角"设置为 90°。然后在绘图区选择要阵列的简单孔，预览后单击"确定"按钮。完成的简单孔阵列如图 6-81 所示。

提示：　在进行特征阵列时，请注意以下问题。

(1) 是线性阵列还是圆形阵列，阵列的数量是指包含原始特征的总数量。

(2) 详细螺纹不能被圆形阵列，只能分别做螺纹；符号螺纹才可以做圆形阵列。

16. 创建简单孔

单击"特征"工具条中的"孔"按钮，在系统弹出的"孔"对话框中，在"形状和尺寸"栏的"成形"下拉列表中选择"简单"选项；在"尺寸"选项组中输入"直径"为 8.5，"深度限制"为"贯通体"；单击"位置"栏中的"指定点"按钮，在绘图区选择垫块右上角的圆角边缘圆弧中心为定位孔中心点，最后单击"确定"按钮，完成简单孔的创建操作。创建结果如图 6-81 所示。

图 6-80　创建螺纹　　　　　　　图 6-81　创建圆孔和螺纹的环形阵列

17. 矩形阵列简单孔

选择"插入"→"关联复制"→"阵列特征"菜单命令，打开"阵列特征"对话框，在"布局"下拉列表中选择"线性"选项；"方向 1"和"方向 2"参数设置如图 6-82 所示。然后在绘图区选择要阵列的简单孔，预览后单击"确定"按钮。完成的简单孔阵列结果如图 6-83 所示。

18. 隐藏基准平面

在绘图区选择已经创建的基准平面，单击右键，在弹出的快捷菜单中单击"隐藏"命令，则把所选的基准平面全部隐藏，如图 6-84 所示。

19. 保存文件

选择"文件"→"关闭"→"保存并关闭"菜单命令，保存并关闭部件文件。

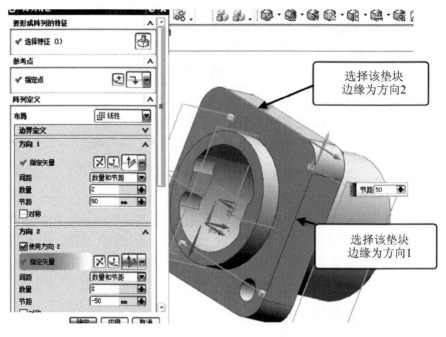

图 6-82 参数设置

图 6-83 矩形阵列圆孔

图 6-84 隐藏基准平面

习 题

6-1 创建如图所示的模型。

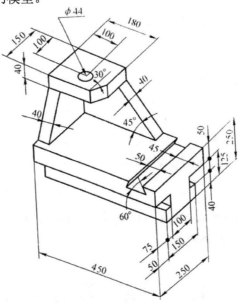

6-2 创建如图所示的模型。

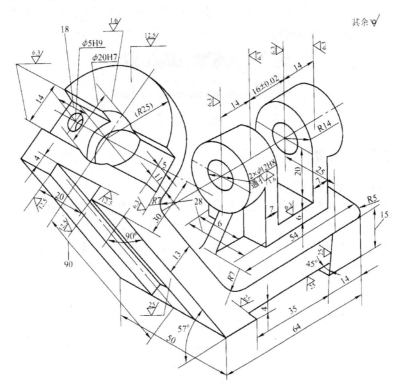

第7章 特征编辑

本章要点

- 掌握特征编辑的概念。
- 掌握特征编辑的具体操作方法。

技能要求

- 具备正确选用特征编辑操作对实体模型进行修改、编辑的能力。
- 具备利用模型导航器和表达式编辑特征的能力。

本章概述

本章介绍特征编辑。特征编辑就是对所建的特征进行修改，可以利用部件导航器进行修改，也可以利用表达式进行修改。

7.1 特征参数编辑

通过"编辑"→"特征"级联菜单中的命令或"编辑特征"工具条中的有关按钮，可以对特征进行编辑，其中"编辑特征"工具条，如图 7-1 所示。

图 7-1 "编辑特征"工具条

7.1.1 编辑特征参数

编辑特征参数是指对特征存在的参数进行修改。

选择"编辑"→"特征"→"编辑特征参数"菜单命令或单击"编辑特征"工具条中的"编辑特征参数"按钮 ，打开如图 7-2 所示的"编辑参数"对话框。该对话框中列出了当前工作部件的所有特征，从列表中选择某个特征或者直接在视图区选择要编辑的特征后单击"确定"按钮，系统将根据所选的不同特征打开不同的对话框。对所选特征进行编辑，主要有以下几种方式。

1. 编辑一般成型特征

编辑一般成型特征时，系统将打开类似图 7-3 所示的"编辑参数"对话框。所选择的特征不同，该对话框的形式也有所不同，可能只有其中的一两个选项。常用的选项如下。

(1) "特征对话框"按钮：用于编辑特征的基本参数。单击该按钮后，会打开"参数设置"对话框，以编辑特征的参数。该对话框中的参数与建立该特征时对话框中的参数相同。

图 7-2　"编辑参数"对话框　　　　图 7-3　一般成型特征的"编辑参数"对话框

(2) "重新附着"按钮：用于改变特征的放置面、水平参考和重新定义定位尺寸。单击该按钮后，会打开如图 7-4 所示的"重新附着"对话框。

【实例】：重新附着如图 7-5(a)所示的圆台到如图 7-5(b)所示的位置，操作步骤如下。

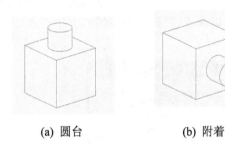

(a) 圆台　　　　(b) 附着

图 7-4　"重新附着"对话框　　　　图 7-5　附着圆台

(1) 打开 UG NX Part\chapter7\geometvyveattach 文件，如图 7-5(a)所示的部件文件，并进入建模模块。

(2) 选择凸台。单击"编辑特征"工具条中的"编辑特征参数"按钮 ，在打开的"编辑参数"对话框中选择"凸台"后单击"确定"按钮，在随后打开的对话框中单击"重新附着"按钮。

(3) 重新选择附着面。在"重新附着"对话框的"选择步骤"栏中单击"指定目标放置面"按钮 ，然后选择如图 7-5 所示的立方体的右侧表面为重新附着的目标面。

(4) 重新定义定位尺寸。此时"选择步骤"栏中的"重新定义定位尺寸"按钮 为选中状态，选择如图 7-6(a)所示的尺寸，再选择立方体的边为目标边，然后选择圆台顶面的边缘，在随后打开的"设置圆弧位置"对话框中单击"圆弧中心"按钮。选择如图 7-6(b)所示的尺寸，再选择立方体的边缘为目标边，选择圆台的顶面边缘，在随后打开的"设置圆弧中心"对话框中单击"圆弧中心"按钮，最后依次单击"确定"按钮关闭所有的对话框，则圆台进行重新定位。结果如图 7-6(b)所示。

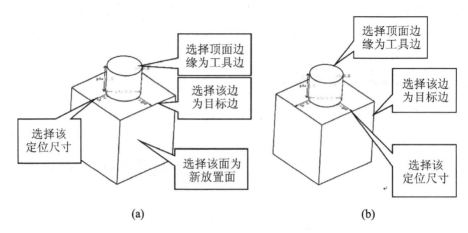

图 7-6　重新定义定位尺寸

2. 编辑引用特征

当选择引用特征时，将显示如图 7-7 所示的"编辑参数"对话框。单击"实例阵列对话框"按钮，打开相应的对话框编辑阵列参数，如数字、角度、参考轴等。

3. 编辑扫描特征

当所选特征是扫描特征时，系统将打开类似如图 7-8 所示的"编辑参数"对话框。利用该对话框可以修改特征的创建参数。

图 7-7　引用特征的"编辑参数"对话框　　图 7-8　扫描特征的"编辑参数"对话框

4. 编辑其他特征参数

其他特征如拔模、圆角、基准面和基准轴等，系统直接打开建立特征时的对话框，其编辑方法与创建时的方法类似，不再赘述。

7.1.2　编辑位置

通过编辑特征的定位尺寸可编辑特征的位置。

选择"编辑"→"特征"→"编辑位置"菜单命令或单击"编辑特征"工具条中的"编辑位置"按钮，系统将打开选择特征编辑参数的对话框，从列表中选择某个特征或者直接在视图区选择要编辑的特征后单击"确定"按钮，打开如图 7-9 所示的"编辑位置"对话框。

1. 添加尺寸

单击"添加尺寸"按钮后，打开如图 7-10 所示的"定位"对话框，可以利用该对话框添加尺寸，具体操作与前面介绍的特征的定位方法相同。

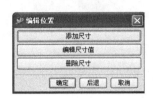

图 7-9　"编辑位置"对话框　　　　　　图 7-10　"定位"对话框

2. 编辑尺寸值：

单击"编辑尺寸值"按钮后，用鼠标选择需要编辑的尺寸，此时打开如图 7-11 所示的"编辑表达式"对话框。编辑该尺寸数值后，单击"确定"按钮，则修改该尺寸。

3. 删除尺寸

单击"删除尺寸"按钮后，打开如图 7-12 所示的"移除定位"对话框，在视图区用鼠标选择需要编辑的定位尺寸，然后单击该对话框中的"确定"按钮，系统将删除所选定位尺寸。

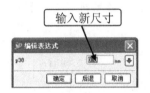

图 7-11　"编辑表达式"对话框　　　　　图 7-12　"移除定位"对话框

7.1.3　移动特征

移动特征是指将无关联的特征移动到指定的位置。

选择"编辑"→"特征"→"移动特征"菜单命令或单击"编辑特征"工具条中的"移动特征"按钮，从列表中选择某个特征或者直接在视图区选择要编辑的特征后，系统将打开如图 7-13 所示的"移动特征"对话框，各选项说明如下。

图 7-13　"移动特征"对话框

1. 增量

通过在 DXC、DYC、DZC 文本框中输入特征 3 个坐标轴方向的增量来移动特征。

2. 至一点

用于将所选特征移到指定点。单击如图 7-13 所示对话框中的"至一点"按钮，打开"点构造器"对话框，分别指定参考点和目标点，即可完成移动。

如图 7-14 所示为移动特征指定点实例。

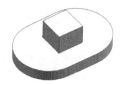　　　　　

　　　　(a) 移动前　　　　　　　(b) 编辑结果

图 7-14　移动特征到指定点

3. 在两轴间旋转

用于将所选特征以一定角度绕指定点从参考轴旋转到目标轴。单击如图 7-13 所示对话框中的"在两轴间旋转"按钮，打开"点构造器"对话框。利用该对话框指定参考点，单击"确定"按钮，则打开"矢量构造器"对话框。利用该对话框构造一矢量作为参考轴后，再构造一矢量作为目标轴。最后单击"确定"按钮，则将所选特征以参考点为基点从参考轴旋转到目标轴。

4. CSYS 到 CSYS

用于将特征从参考坐标系移到目标坐标系。单击如图 7-13 所示对话框中的"CSYS 到 CSYS"按钮，打开"CSYS 构造器"对话框，首先构造参考坐标系，单击"确定"按钮。然后构造目标坐标系，则将所选特征移至目标坐标系，并且该特征相对于目标坐标系的位置与参考坐标系相同，如图 7-15 所示。

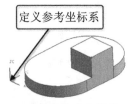　　　　　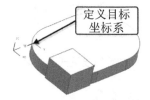

　　(a) 定义参考坐标系　　　　　(b) 定义目标坐标系和编辑结果

图 7-15　移动特征到指定坐标系

7.1.4　抑制特征

抑制特征是指临时从目标体及显示中删除一个或多个特征。抑制的特征依然存在数据库里，只是将其从模型中删除了，可以利用"取消抑制特征"命令重新显示被抑制的特征。

抑制特征用于下列场合：减小模型的大小，使之更容易操作。尤其当模型相当大时，抑制特征能够加速模型生成、对象选择、对象编辑和缩短显示时间。为了进行分析工作，可从模型中删除像小孔和圆角之类的非关键特征。

选择"编辑"→"特征"→"抑制"菜单命令或单击"编辑特征"工具条中的"抑制特征"按钮，打开如图 7-16

图 7-16　"抑制特征"对话框

所示的"抑制特征"对话框。从列表中选择某个特征或
者直接在视图区选择要编辑的特征，该特征出现在下方的
"送完的特征"列表框中，单击"确定"按钮，则抑制所
选特征。

7.1.5　取消抑制特征

取消抑制特征是指重新调用由"抑制特征"命令抑
制的特征。

选择"编辑"→"特征"→"释放"菜单命令或单
击"编辑特征"工具条中的"取消抑制特征"按钮，打
开如图 7-17 所示的"取消抑制特征"对话框，上部的

图 7-17　"取消抑制特征"对话框

"过滤器"列表框中列出已被抑制的特征，选择需要调用的特征后，该特征出现在下方的
"选定的特征"列表框中，单击"确定"按钮，则在实体上重新显示所选特征。

7.1.6　移除参数

移除参数是指从一个或多个实体和片体中删除所有参
数，或从与特征相关联的曲线和点中删除参数，使其成为非
相关联。

单击"编辑特征"工具条中的"移除参数"按钮，打开
如图 7-18 所示的"移除参数"对话框，在视图区选择需要
移除参数的对象，单击"确定"按钮，则删除其所有参数。

图 7-18　"移除参数"对话框

7.2　部件导航器

在资源条中单击"部件导航器"标签，可打开部件导
航器，如图 7-19 所示。部件导航器在独立的面板中以树形
格式(特征树)可视化地显示模型中各个特征之间的关系，并
且可以利用部件导航器对模型进行修改。

1. 部件导航器特征树中的显示标记

在特征树中，以不同的显示标记显示特征之间的依赖
关系等属性。

(1) ⊞/⊟：以折叠/展开方式显示该特征与其他特征的
依赖关系。

(2) ☑：特征检查框，表示在绘图区显示该特征。单击
该检查框，则在绘图区中隐藏该特征。

(3) 特征图标 ◎块：在每个特征右侧都有一个特征图
标，显示了该特征的类型。

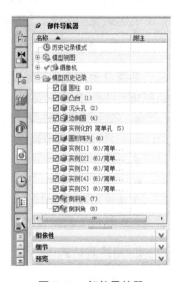

图 7-19　部件导航器

2. 部件导航器中特征的选择

在特征树中可以通过不同的方式选择特征。

(1) 选择单个特征：在特征树中单击某个特征，则选中该特征，选中的特征在绘图区中高亮显示。

(2) 连续选择多个特征：在选择连续的多个特征时，首先选择第一个特征，然后按住 Shift 键选择最后一个特征，则在第一个特征和最后一个特征之间的所有特征被选中。

(3) 选择不连续的多个特征：在选择不连续的多个特征时，首先按住 Ctrl 键，然后用鼠标依次选择需要的特征即可。

> **提示：** 在特征树中选择了某个特征后右击，在弹出的快捷菜单中可以选择不同的命令对所选特征进行编辑，其操作过程与利用相应的菜单命令和工具条按钮编辑特征相似。

7.3 表 达 式

表达式是 UG NX 参数化建模的重要工具。通过表达式，可以控制特征的尺寸和位置，也可以控制装配中各个组件的相对位置。在创建和定位特征、为草图曲线添加尺寸约束和建立装配条件时，系统自动建立表达式，必要的时候可以手工建立表达式。

表达式名可以是字母、数字或字母和数字的组合，但必须是用字母开头，在表达式名中也可以采用下划线。表达式可以定义、控制模型的诸多尺寸，如特征或草图的尺寸。表达式的功能如下。

(1) 通过编辑表达式的公式，可以编辑模型参数。

(2) 使用表达式参数化控制部件特征之间的关系。

(3) 使用表达式参数化控制装配部件间的关系，也称为"部件间表达式"。

表达式类型按照其创建的方式可以分为系统表达式和用户表达式。

1. 系统表达式

系统自动建立的表达式名为 p0、p1、p2 等。系统在建模操作期间，在以下应用中自动创建系统表达式。

- 在创建草图过程中，当标注草图尺寸时，系统自动创建每个尺寸的表达式。
- 在特征创建过程中，系统自动创建各个特征参数的表达式。
- 成型特征定位时，系统自动创建每个定位尺寸的表达式。
- 装配过程中，某些配对条件创建时会自动创建表达式。

在建模应用模块中，选择"工具"→"表达式"菜单命令，打开如图 7-20 所示的"表达式"对话框。利用该对话框可以显示和编辑系统定义的表达式。

2. 用户表达式

利用如图 7-20 所示对话框，也可以建立用户表达式。用户表达式是指由用户通过表达式编辑器创建的各种表达式。这些表达式包括算术表达式、条件表达式和几何表达式。

图 7-20　"表达式"对话框

(1) 算术表达式：算术表达式即为一个等式，格式为 Var=Exp1(变量=表达式)，例如 Width=50；Length=2*Width。

(2) 条件表达式：使用 If Else 来定义条件表达式，格式为 Var=If(exp1)(exp2)else(exp3)，如 Width=if(length<8)(2)else(3)。

(3) 几何表达式：利用 NX 的测量功能来测量几何体获得几何表达式，如距离、长度和角度等。

3. 建立或删除用户表达式的方法

在"表达式"对话框的"列出的表达式"下拉列表框中选择不同的选项，可以显示不同类型的表达式。从列表框中选择了某个表达式后，该表达式的名称和值分别显示在列表框下方的"名称"和"公式"文本框内，可根据需要编辑表达式的名称和参数值。

用户可以根据需要创建自定义表达式，在"名称"和"公式"文本框内分别输入自定义的表达式名称和参数值，单击"应用"或"确定"按钮，则建立该表达式。建立表达式时，可在如图 7-20 所示的尺寸类型下拉列表框和单位下拉列表框中选择需要的选项。

在列表框中选择某个表达式后，单击列表框下方的"删除"按钮，则可删除该表达式。但正在被引用的表达式不可删除。

7.4　特征编辑范例解析

7.4.1　端盖特征编辑

1. 打开文件

打开已创建的端盖部件文件，如图 7-21 所示，然后进入建模应用模块。

2. 编辑圆台参数

单击"编辑特征"工具条中的"编辑特征参数"按钮 ，在打开的对话框中选择圆台"凸台 1"，单击"确定"按钮。在随后打开的"编辑参数"对话框中单击"特征对话框"按钮，在打开的"编辑参数"对话框中修改圆台直径为 55mm，高度为 40mm，拔模角为 8。依次单击"确定"按钮确认修改并关闭对话框，修改后的端盖如图 7-22 所示。

图 7-21　端盖

图 7-22　编辑圆台参数

3. 抑制圆台

单击"编辑特征"工具条中的"抑制特征"按钮 ，在打开的对话框中选择圆台"凸台 1"，单击"确定"按钮，则抑制圆台，得到的端盖如图 7-23 所示。

4. 编辑环形阵列的圆孔位置和数量

单击"编辑特征"工具条中的"编辑特征参数"按钮 ，在实体上选择圆周阵列的圆孔中的任意一个，单击"编辑参数"对话框中的"确定"按钮。在随后打开的对话框中单击"实例阵列对话框"按钮，修改圆形阵列的数量为 4，角度为 90°，半径为 37mm，单击"确定"按钮。

5. 编辑孔的环形阵列及圆孔类型

在仍然打开的"编辑参数"对话框中单击"更改类型"按钮，在打开的对话框中选中"沉头孔"单选按钮后单击"确定" 按钮，在随后打开的对话框中设置沉头孔的沉头直径为 12mm，沉头深度为 3mm，孔直径为 8.5mm，最后依次单击"确定"按钮关闭所有对话框，得到的实体如图 7-24 所示。

6. 释放对圆台等特征的抑制

单击"编辑特征"工具条中的"取消抑制特征"按钮 ，在打开的对话框中选择所有特征后单击"确定"按钮，得到编辑后的端盖如图 7-25 所示。

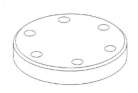
图 7-23　抑制圆台

图 7-24　编辑孔的环形阵列和类型

图 7-25　编辑后的端盖

7.4.2　表达式应用范例

UG NX 建模过程是基于特征的建模过程，利用草图特征、基准特征和成型特征等特征进行建模，在建立特征后该特征的所有参数均被保留，然后可通过修改参数编辑特征。如果需要某个特征的若干参数保持一定的关联关系(如圆柱的直径为高度的 1/3)，或者某个部件的若干特征之间的参数存在一定的关系，可通过表达式建立参数之间的关联关系，从而提高建模的准确性以及特征编辑的方便性。

本节通过如图 7-26 所示的套筒介绍利用表达式建立和编辑特征的方法。

图 7-26　套筒

1. 建立新部件文件

单击"标准"工具条中的"新建"按钮，建立名为 taotong.prt 的文件，然后进入建模应用模块。

2. 创建圆柱

单击"特征"工具条中的"圆柱"按钮，在打开的对话框的"类型"下拉列表框中选择"轴、直径和高度"选项，在随后打开的"矢量构造器"中单击"ZC 轴"按钮，设置圆柱的直径为 40mm，高度为 50mm，单击"确定"按钮。在随后打开的"点构造器"对话框中设置圆柱底面圆心的坐标为(0,0,0)，最后单击"确定"按钮创建圆柱。

设置视图方向为"正等测图"，渲染样式为静态线框。

3. 编辑表达式

选择"工具"→"表达式"菜单命令，打开"表达式"对话框，在"列出的表达式"下拉列表框中选择"全部"选项，在下面的列表框中选择 P6 表达式，在 "名称"文本框中将 P6 修改为 dia，单击"应用"按钮，可在列表框中观察到该表达式被重新命名。利用同样的方法，将 P7 修改为 hei，如图 7-27 所示，单击"确定"按钮，关闭对话框。

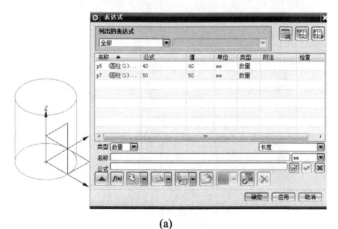

(a)

图 7-27　编辑表达式

(b)

图 7-27　编辑表达式(续)

4. 创建沉头孔

单击"特征"工具条中的"孔"按钮，弹出"孔"对话框，在"形状和尺寸"栏的"成形"下拉列表框中选择"沉头"；在"尺寸"栏中设置"沉头直径"为 dia/2、"沉头深度"为 hei/5。"直径"为 hei/5+2。"深度限制"为"贯通体"；其余参数为 0，如图 7-28 所示，单击"确定"按钮。在打开的定位对话框中选择"点到点"定位方式，选择圆柱顶面边缘，在随后打开的对话框中单击"圆弧中心"按钮创建沉头孔，得到的模型如图 7-29 所示。

5. 编辑套筒

选择"工具"→"表达式"菜单命令，打开"表达式"对话框，选择 dia 和 hei 表达式进行编辑后单击"应用"按钮，可以观察到，当圆柱的直径和高度改变时，沉头孔的参数相应改变。

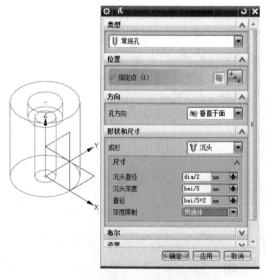

图 7-28　沉头孔相关设置

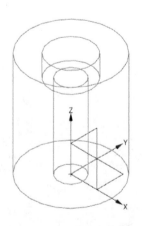

图 7-29　创建沉头孔

第8章 实体建模综合范例解析

本章要点

● 掌握综合应用各种建模方法高效、灵活地创建实体模型。

技能要求

● 具备合理选用建模方法的能力。
● 具备高效创建模型的能力。

本章概述

本章通过若干范例介绍建模方法的综合应用。

UG NX 建模是基于特征的建模过程，UG NX 的特征包括体素特征、草图、扫描特征、参考特征、成型特征和特征操作。对于任意模型，其建模过程不是唯一的。由于不同特征具有不同的特点，建模过程中应该根据模型的特点综合地规划建模过程，合理选用建模方法，提高工作效率。

8.1 泵盖创建范例

泵盖零件图如图 8-1 所示。

该实例的主要目的是熟悉成型特征中的凸台、腔体、孔的应用以及特征操作中的倒斜角、螺纹孔特征的应用。

建模思路：创建泵体基本结构管道、倒圆、倒斜角，在上方创建一个 M12 的螺纹孔，创建一个简单孔，创建 3 个 M5 的螺纹孔。

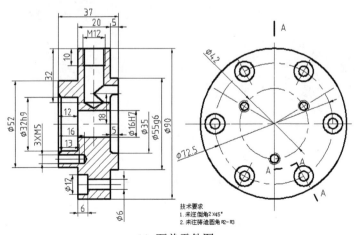

(a) 泵盖零件图

图 8-1 泵盖

(b) 泵盖模型

图 8-1 泵盖(续)

1. 创建泵盖基本结构

(1) 新建部件文件。启动 UG 8.5，系统仅显示"标准"工具条，这时的界面是非工作界面。单击"标准"工具条中的"新建"按钮，或选择"文件"→"新建"菜单命令，系统弹出"新建"对话框，在"单位"下拉列表中选择"毫米"，在"名称"文本框中输入 benggai.prt，选择文件将要保存的文件夹，如图 8-2 所示。单击"确定"按钮，完成新文件的创建。选择"起始"→"建模"命令，进入建模模块。

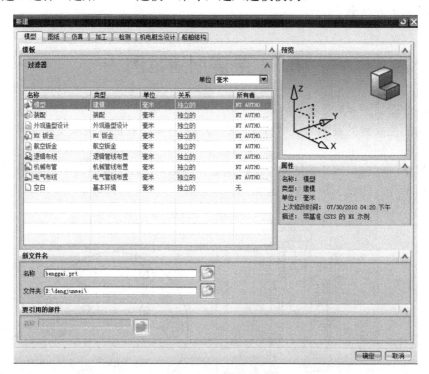

图 8-2 创建新部件

(2) 草图的创建。单击"特征"工具条中的"在任务环境中绘制草图"按钮，选择 YC-ZC 平面创建草图，如图 8-3 所示。

(3) 泵盖基本结构的创建。在"特征"工具条中单击"回转"按钮，弹出如图 8-4 所示的"回转"对话框，在"指定矢量"中选择 YC 轴，在"指定点"中选择坐标原点，在"限制"栏中设置参数，创建结果如图 8-5 所示。

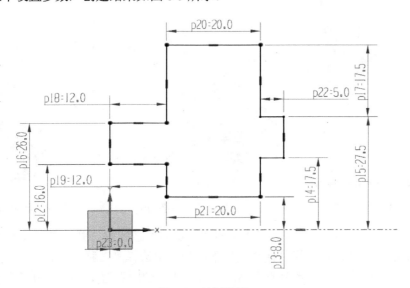

图 8-3　绘制草图

图 8-4　"回转"对话框

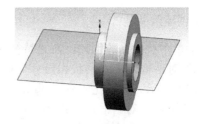

图 8-5　创建泵盖基本结构

(4) 边倒圆。在"特征"工具条中单击"边倒圆"按钮 ，弹出如图 8-6 所示的"边倒圆"对话框，在"形状"下拉列表中选择"圆形"，在"半径 1"文本框中输入 3，移动鼠标选择需要倒圆的边(如图 8-7 所示的圆弧边)，单击"确定"按钮，完成倒圆操作，如图 8-8 所示。

图 8-6 "边倒圆"对话框

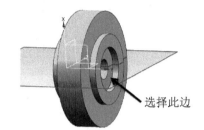

选择此边

图 8-7 选择需要倒圆的边

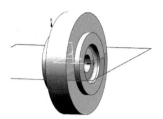

图 8-8 倒圆后的模型

(5) 倒斜角。在"特征"工具条中单击"倒斜角"按钮，弹出如图 8-9 所示的"倒斜角"对话框，在"偏置"栏"横截面"下拉列表中选择"对称"，在"距离"文本框中输入 2，移动鼠标选择需要倒角的边(如图 8-10 所示的圆弧边)，单击"确定"按钮，完成倒斜角操作，如图 8-11 所示。

图 8-9 "倒斜角"对话框

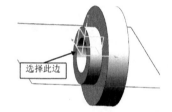

选择此边

图 8-10 选择需要倒斜角的边

图 8-11 倒斜角后的模型

2. 创建沉头孔

(1) 单个沉头孔的创建。在"特征"工具条中单击"孔"按钮，弹出如图 8-12 所示的"孔"对话框，在"形状和尺寸"栏的"成形"下拉列表中选择"沉头"，输入的参数如图 8-12 所示。选择孔所在平面(如图 8-13 所示)，单击"确定"按钮，弹出如图 8-14 所示的"草图点"对话框，单击"关闭"按钮，在绘图区定位孔中心点位置，如图 8-15 所示，绘制点时标尺寸距 X 轴为 36.5mm，距 Y 轴 0mm，单击"完成草图"按钮后，在返回的"孔"对话框单击"确定"按钮，完成沉头孔的创建操作。创建结果如图 8-16 所示。

(2) 创建环形阵列。选择如图 8-17 所示的"插入"→"关联复制"→"阵列特征"菜单命令，打开如图 8-18 所示的"阵列特征"对话框，在"布局"下拉列表中选择"圆形"选项；在"旋转轴"中"指定矢量"选择 Y 轴，"指定点"选择坐标原点；"角度方向"中的"间距"选择"数量和节距"，"数量"设置为 6，"节距角"设置为 60°。然后在绘图区选择要阵列的沉头孔，预览后单击"确定"按钮。完成的沉头孔阵列如图 8-19 所示。

图 8-12 "孔"对话框

图 8-13 选择孔所在平面

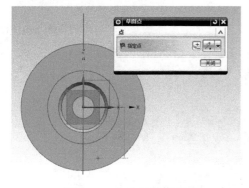

图 8-14 定位孔草图平面

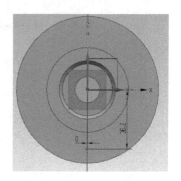

图 8-15 定位孔中心草图平面

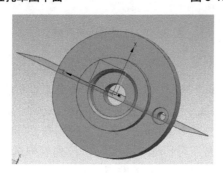

图 8-16 创建孔

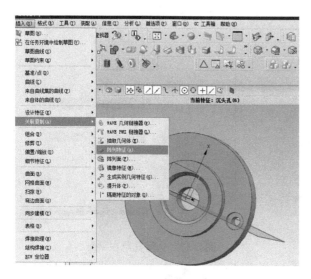

图 8-17 阵列特征操作　　　　图 8-18 "阵列特征"对话框

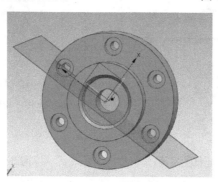

图 8-19 完成的沉头孔阵列

3. 创建 M12 的螺纹孔

(1) 创建基准平面。单击"特征"工具条中"基准平面"按钮，在打开的"基准平面"对话框"类型"下拉列表中选择"按某一距离"选项，选择窗口中已有的平面，在"偏置"选项中的"距离"设置为 45mm，单击"应用"按钮，创建如图 8-20 所示的基准平面Ⅰ；在打开的"基准平面"对话框"类型"下拉列表中选择"XC-YC 平面"选项，单击"确定"按钮，创建如图 8-21 所示的基准平面Ⅱ。

(2) 创建圆孔。单击"特征"工具条中的"孔"按钮，在打开的"孔"对话框 "类型"下拉列表中选择"常规孔"选项，在"形状和尺寸"栏"形状"下拉列表中选择"简单"，选择基准面Ⅰ为圆心点草绘平面，圆心点在草图的定位如图 8-22 所示，最后设置孔的直径为 10.2mm，深度为 32mm，顶锥角为 118°，单击"确定"按钮创建圆孔。得到的实体如图 8-23 所示。

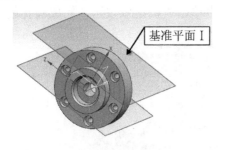

图 8-20　创建基准面 I

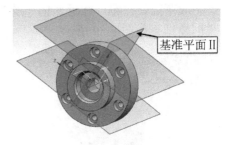

图 8-21　创建基准面 II

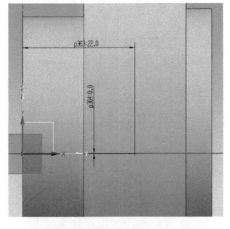

图 8-22　圆心点在草图的定位

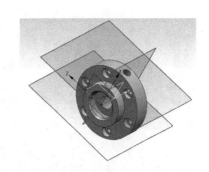

图 8-23　创建圆孔

(3) 创建螺纹。单击"特征"工具条中的"螺纹"按钮，在打开的对话框的"螺纹类型"栏中选择"详细"按钮，选择前面创建的圆孔，然后选择如图 8-20 所示的基准面 I 作为螺纹的起始面。在随后打开的对话框中单击"确定"按钮，然后在打开的对话框中设置"长度"为 10mm，其他参数接受默认，单击"确定"按钮，完成螺纹的创建，如图 8-24 所示。

4. 创建简单孔

在"特征"工具条中单击"孔"按钮，弹出"孔"对话框，在"形状和尺寸"栏的"成形"下拉列表中选择"简单"，"直径"设置为 10，"深度"设置为 15，其他参数选择默认。选择孔所在平面，如图 8-25 所示，单击"确定"按钮，弹出"草图点"对话框，单击"关闭"按钮，在绘图区定位孔中心点位置，如图 8-26 所示，单击"完成草图"按钮后，在返回的"孔"对话框单击"确定"按钮，完成沉头孔的创建操作。创建结果如图 8-27 所示。

5. 创建 M5 的螺纹孔

(1) 创建圆孔。在"特征"工具条中单击"孔"按钮，打开"孔"对话框，在"形状和尺寸"栏的"成形"下拉列表中选择"简单"，"直径"设置为 4.2，"深度"设置为 16，其他参数选择默认。选择孔所在平面，如图 8-28(a)所示，单击"确定"按钮，在弹出的"草图点"对话框中单击"关闭"按钮，在绘图区定位孔中心点位置，如图 8-28(b)所示，单击"完成草图"按钮，在返回的"孔"对话框中单击"确定"按钮，完成圆孔的创建操作。创建结果如图 8-29 所示。

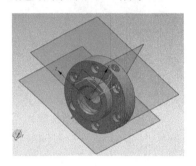

图 8-24　创建螺纹

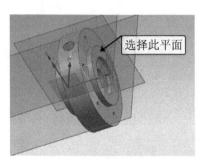

图 8-25　选择放置面

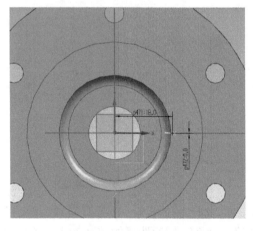

图 8-26　孔中心点位置

图 8-27　创建简单孔

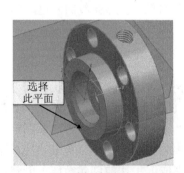

(a)　选择放置面

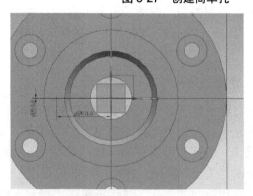

(b)　孔中心点位置

图 8-28　设置放置面和中心点

（2）创建螺纹。单击"特征操作"工具条中的"螺纹"按钮 ，在打开对话框的"螺纹类型"栏中单击"详细"按钮，选择上述创建的圆孔，然后单击"选择起始"，在打开的"螺纹"对话框中选择如图 8-28(a)所示的平面作为螺纹的起始面，在随后打开的"螺纹起始条件"对话框中单击"确定"按钮，然后在打开的对话框中设置"长度"为 13，其他参数接受默认，单击"确定"按钮，完成螺纹的创建，如图 8-30(a)所示。

（3）创建环形阵列。选择"插入"→"关联复制"→"阵列特征"菜单命令，在打开的"阵列特征"对话框"布局"下拉列表中选择"圆形"；在"旋转轴"中"指定矢量"选择 Y 轴，"指定点"选择坐标原点；"角度方向"中的"间距"选择"数量和节距"，"数量"设置为 3，"节距角"设置为 120，然后在绘图区选择要阵列的简单孔和螺纹孔，预览后单击"确定"按钮。完成的螺纹孔阵列如图 8-30(b)所示。

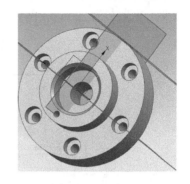

图 8-29　创建简单孔

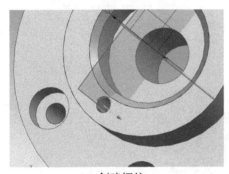

(a) 创建螺纹

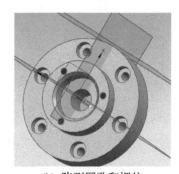

(b) 阵列圆孔和螺纹

图 8-30　创建并阵列

6．隐藏基准平面

在绘图区选择已经创建的基准平面，单击右键，在弹出的快捷菜单中选择"隐藏"命令，则把所选的基准平面全部隐藏。

7．保存文件

选择"文件"→"关闭"→"保存并关闭"菜单命令，保存并关闭部件文件。

8.2　铣刀头座体创建范例

零件图如图 8-31 所示。

该实例的主要目的是草图、孔的应用以及特征操作中的边倒圆、螺纹孔以及阵列实例特征的应用。

【建模思路】：创建上部圆柱，创建底板，分别创建左右两侧支撑板，创建 6 个 M6 的螺纹孔、创建底板简单孔、创建底板圆角。

1．新建部件文件

启动 UG NX，选择"文件"→"新建"菜单命令或在"标准"工具条中单击"新建"

按钮，建立名为 zuoti.prt 的新部件文件，单位为 mm，然后进入建模应用模块。

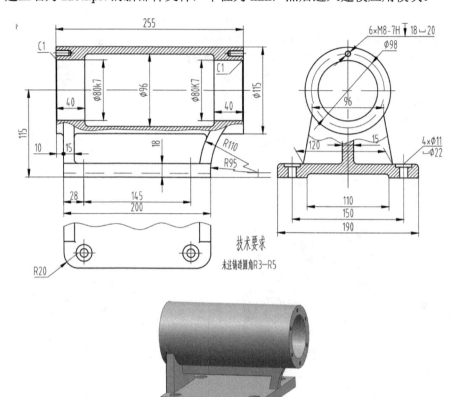

图 8-31　铣刀头座体零件图及模型

2．创建上部圆柱体部分

(1) 绘制草图。单击"特征"工具条中的"在任务环境中绘制草图"按钮，选择 YC-ZC 平面作为草图平面，绘制如图 8-32 所示的草图，并添加适当的约束。单击"完成草图"按钮。

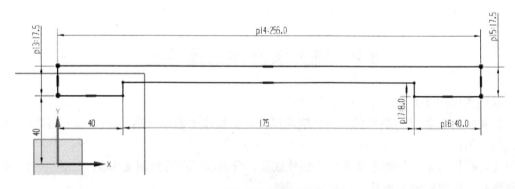

图 8-32　草图

(2) 单击"特征"工具条中"回转"按钮，首先选择已绘制好草图，并选择"YC 轴"为回转轴线，然后单击"点构造器"按钮，确定坐标原点为回转点，如图 8-33

所示。单击"回转"工具条中的"确定"按钮，创建的实体如图 8-34 所示。

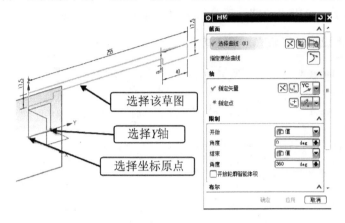

图 8-33　选择回转轴线和回转点

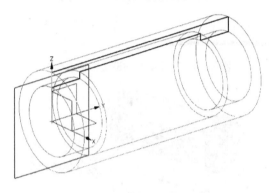

图 8-34　创建上部圆柱部分

3. 创建底板

(1) 绘制草图。单击"特征"工具条中的"在任务环境中绘制草图"按钮，选择 YC-ZC 平面作为草图平面，绘制如图 8-35 所示的草图，并添加适当的约束。单击"完成草图"按钮。

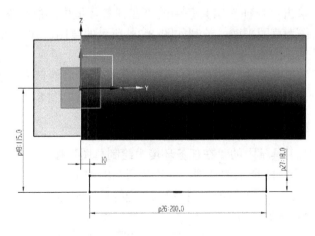

图 8-35　绘制草图

(2) 单击"特征"工具条的"拉伸"按钮，选择已绘制好的草图(见图 8-35)，参数设置如图 8-36 所示。单击"拉伸"工具条中的"确定"按钮，创建的实体如图 8-37 所示。

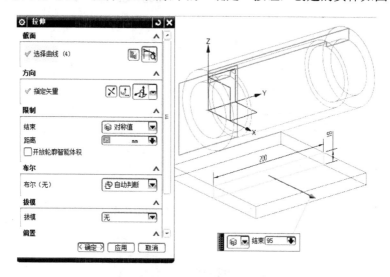

图 8-36　选择草图和设置拉伸参数

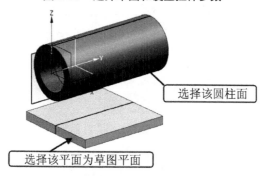

图 8-37　创建底板

4. 创建左侧支撑板

(1) 绘制草图。单击"特征"工具条中的"在任务环境中绘制草图"按钮，选择如图 8-37 所示的平面作为草图平面，绘制如图 8-38 所示的草图，并添加适当的约束。单击"完成草图"按钮。

(2) 单击"特征"工具条中"拉伸"按钮，选择已绘制好草图，参数设置如图 8-39 所示。单击"拉伸"工具条中的"确定"按钮，创建的实体如图 8-40 所示。

5. 创建右侧支撑板

(1) 单击"特征"工具条中的"在任务环境中绘制草图"按钮，选择 YC-ZC 平面作为草图平面，绘制如图 8-41 所示的草图，并添加适当的约束。单击"完成草图"按钮。

(2) 单击"特征"工具条中"拉伸"按钮，选择已绘制好的草图，参数设置如图 8-42 所示。单击"拉伸"工具条中的"确定"按钮，然后单击"特征"工具条中"求和"按钮，分别选择底板、圆柱体以求和，创建的实体如图 8-43 所示。

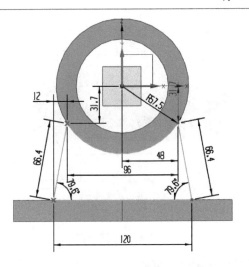

图 8-38　创建草图

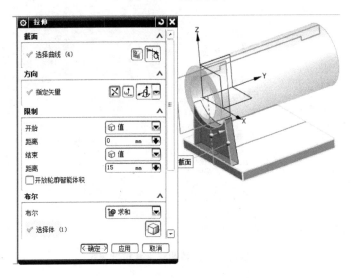

图 8-39　选择草图和设置拉伸参数

图 8-40　创建左侧支撑板

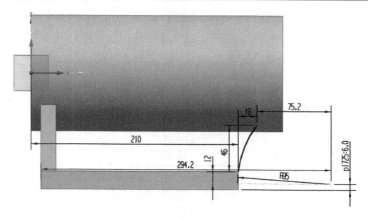

图 8-41　创建草图

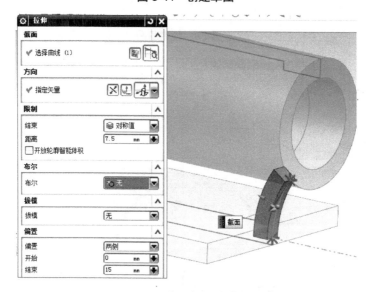

图 8-42　选择草图和设置拉伸参数

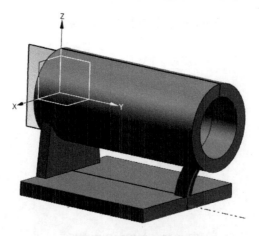

图 8-43　创建右侧支撑板

6. 在右端面创建 M8 的螺纹孔

在"特征"工具条中单击"孔"按钮，打开如图 8-44 所示的"孔"对话框，在"类型"下拉列表中选择"螺纹孔"，在"形状和尺寸"栏的"螺纹尺寸"中，"大小"设置为 M8×1.25，"螺纹深度"设置为 18。在"尺寸"中，"深度"设置为 22，"顶锥角"设置为 118，其他参数选择默认。首先选择孔圆柱右侧面，单击"确定"图标按钮，弹出"草图点"对话框，单击"关闭"按钮，在绘图区定位孔中心点位置，如图 8-45 所示。单击"完成草图"按钮，在返回的"孔"对话框中单击"确定"按钮，完成简单孔的创建操作，创建结果如图 8-46 所示。

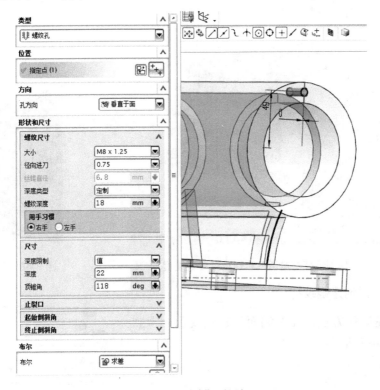

图 8-44　"孔"对话框

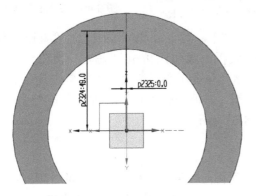

图 8-45　定位孔中心点位置

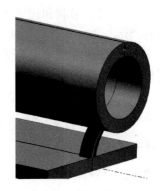

图 8-46　创建螺纹孔

7. 环形阵列螺纹孔

选择"插入"→"关联复制"→"阵列特征"菜单命令，在打开的如图 8-47 所示的"阵列特征"对话框"布局"下拉列表中选择"圆形"；"旋转轴"中"指定矢量"选择 Y 轴，"指定点"选择坐标原点；"角度方向"中"间距"选择"数量和节距"，"数量"设置为 6，"节距角"设置为 60。然后在绘图区选择要阵列的螺纹孔，预览后单击"确定"按钮。完成的螺纹孔阵列如图 8-48 所示。

图 8-47 "阵列特征"对话框和螺纹孔参数设置

图 8-48 阵列螺纹孔

8. 在左端面创建螺纹孔

采用上述同样方法，在左端面创建螺纹孔，得到的实体如图 8-49 所示。

9. 创建沉头孔

单击"特征"工具条中的"孔"按钮，弹出"孔"对话框，在"形状和尺寸"栏的"成形"下拉

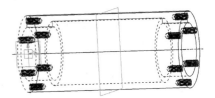

图 8-49 左端面创建螺纹孔

列表中选择"沉头"，输入"沉头直径"为 22，"沉头深度"为 2，孔"直径"为 11，其他参数保持默认。首先选择孔所在平面(底板上表面)，单击"确定"按钮，弹出"草图点"对话框。单击"关闭"按钮，在绘图区定位孔中心点位置，如图 8-50 所示。设置距离分别为 22.25 和 20，单击"完成草图"按钮，在返回的"孔"对话框单击"确定"按钮，完成沉头孔的创建操作。创建结果如图 8-51 所示。

10. 阵列沉头孔

选择"插入"→"关联复制"→"阵列特征"菜单命令，在打开的"阵列特征"对话框"布局"下拉列表中选择"线性"；"方向 1"和"方向 2"参数设置如图 8-52(a)所示。然后在绘图区选择要阵列的沉头孔，预览后单击"确定"按钮。完成的沉头孔阵列

结果如图 8-52(b)所示。

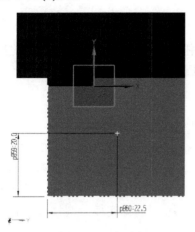

图 8-50　孔中心点位置　　　　　　　图 8-51　创建沉头孔

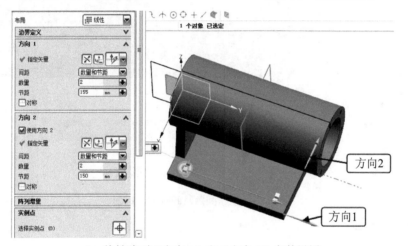

(a) 线性阵列"方向 1"和"方向 2"参数设置

(b) 阵列沉头孔效果

图 8-52　阵列沉头孔

11. 创建圆角

单击"特征操作"工具条中的"边倒圆"按钮 🔲 ，选择底板的 4 条竖直棱线，在"边倒圆"对话框中设置"半径 1"的值为 15mm，单击"确定"按钮创建圆角，如图 8-53(a)

所示。

12. 创建其他圆角

单击"特征操作"工具条中的"边倒圆"按钮 ，选择其他需要边倒圆的对象，在"设置 1R"对话框中设置为 3，单击"确定"按钮创建圆角。

13. 创建圆柱下支撑板

(1) 单击"特征"工具条中的"在任务环境中绘制草图"按钮 ，选择 YC-ZC 平面作为草图平面，绘制如图 8-53(b)所示的草图，并添加适当的约束。单击"完成草图"按钮。

(2) 单击"特征"工具条中的"拉伸"按钮 ，首先选择已绘制好草图，参数设置对称拉伸值为 7.5，选择布尔运算"求和"图标按钮 ，单击"拉伸"工具条中的"确定"按钮。最后单击"特征"工具条中的"求和"按钮，分别选择底板、圆柱体求和，创建的实体如图 8-31 所示。

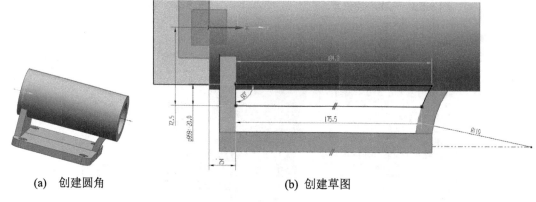

(a) 创建圆角　　　　　　　　　　　(b) 创建草图

图 8-53　创建圆角及圆柱下支撑板

14. 隐藏基准平面

在绘图区选择已经创建的基准平面，单击右键，在弹出的快捷菜单中选择"隐藏"选项，则所选的基准平面全部隐藏。

15. 保存文件

选择"文件"→"关闭"→"保存并关闭"菜单命令，保存并关闭部件文件。

8.3　右阀体创建范例

本范例介绍如图 8-54 所示的阀体的创建过程。创建该阀体的模型需要用到的特征有圆柱、圆台、孔、键槽、腔体和基准平面。

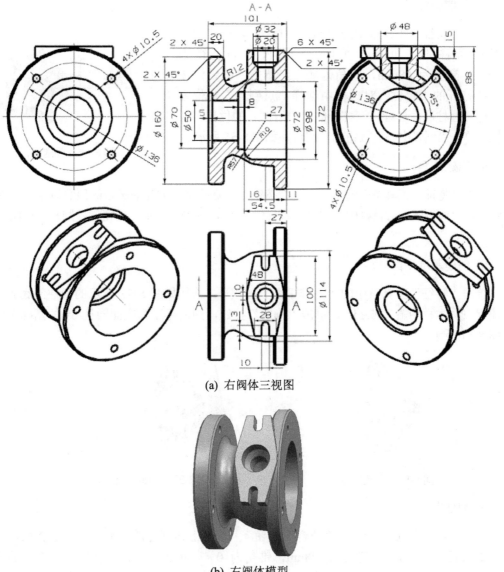

(a) 右阀体三视图

(b) 右阀体模型

图 8-54　右阀体三视图和模型

1. 新建部件文件

启动 UG NX，选择"文件"→"新建"菜单命令或在"标准"工具条中单击"新建"按钮，建立名为 youfati.prt 的新部件文件，单位为 mm，然后进入建模应用模块。

2. 创建圆柱

选择"插入"→"设计特征"→"圆柱体"菜单命令，打开"圆柱"对话框，在"类型"下拉列表中选择"轴、直径和高度"；"指定矢量"选择"YC 轴"，"指定点"选择坐标原点；设置圆柱的"直径"为 172mm，"高度"为 16mm，单击"确定"按钮创建圆柱。

3. 创建圆台

单击"特征"工具条中的"凸台"按钮，选择上述创建的圆柱的底面为放置面，设置圆柱的直径为114mm，高度为 68mm，锥角为 0°，单击"确定"按钮，在打开的"定位"对话框中选择"点到点"定位方式，选择圆柱底面边缘，在打开的"设置圆弧的位置"对话框中单击"圆弧中心"按钮创建圆台，如图 8-55 所示。

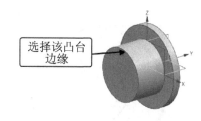

图 8-55　创建圆台

4. 创建圆角

单击"特征"工具条中的"边倒圆"按钮，选择上述创建的圆台的顶面边缘如图 8-55 所示，在"边倒圆"对话框中设置"半径 1"为 57，单击"确定"按钮创建圆角，如图 8-56 所示。

5. 创建基准平面

单击"特征"工具条中的"基准平面"按钮，选择如图 8-57 所示的圆柱的底面，在"偏置"文本框中输入 65mm，单击"确定"按钮，则创建距离底面圆柱 65 的基准平面，如图 8-57 所示。

图 8-56　创建圆角

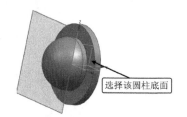

图 8-57　创建基准平面

6. 创建圆台

单击"特征"工具条中的"凸台"按钮，选择上述创建的基准平面为放置面，设置圆台的直径为 160mm，高度为 20mm，锥角为 0°，单击"确定"按钮，在打开的"定位"对话框中选择"点到点"定位方式，选择圆台底面边缘，在随后打开的"设置圆弧的位置"对话框中单击"圆弧中心"按钮创建圆台，如图 8-58 所示。

7. 创建圆角

单击"特征"工具条中的"边倒圆"按钮，选择如图 8-58 所示的圆台与球面的交线。在"边倒圆"对话框中设置"半径 1"的值为 12mm，单击"确定"按钮创建圆角，如图 8-59 所示。

8. 创建基准平面

单击"特征"工具条中的"基准平面"按钮，在打开对话框的"类型"下拉列表中选择"XC-YC 平面"，单击"应用"按钮，创建如图 8-60 所示的基准平面 I 。

继续在打开对话框的"类型"下拉列表中选择"YC-ZC 平面"，单击"确定"按钮，创建如图 8-61 所示的基准平面Ⅱ。

图 8-58　创建圆台

图 8-59　创建圆角

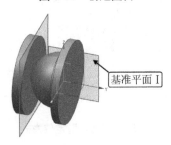

图 8-60　创建第一个基准平面

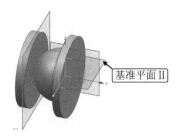

图 8-61　创建第二个基准平面

9. 创建圆台

(1) 选择放置面。单击"特征"工具条中的"凸台"按钮 ，选择上述创建的基准平面Ⅱ为放置面，设置圆台的直径为 48mm，高度为 73mm，锥角为 0°，单击"确定"按钮。

(2) 定位圆台。在打开的"定位"对话框中选择"点到直线上"定位方式，然后选择前面创建的第一个基准平面。然后在"定位"对话框中选择"平行"定位方式，选择如图 8-62 所示的圆柱底面边缘，在随后打开的"设置圆弧位置"对话框中单击"圆弧中心"按钮，在随后打开的"定位"对话框中设置距离为 27mm，单击"确定"按钮创建圆台，如图 8-63 所示。

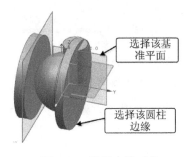

图 8-62　选择定位对象

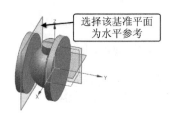

图 8-63　创建圆台

10. 创建垫块

(1) 选择放置面和水平参考。单击"特征"工具条中的"垫块"按钮 ，在打开的对话框中单击"矩形"按钮，选择上一步创建的圆台顶面为放置面，选择如图 8-63 所示的基准面为水平参考，设置垫块的长度为 100mm；宽度为 48mm；高度为 15mm，其余参数为0，单击"确定"按钮。

(2) 定位垫块。在"定位"对话框中选择"线落在线上"定位方式，选择如图 8-64 所示的基准平面为目标体，选择如图 8-64 所示的垫块宽度方向的中心线为工具体。然后在"定位"对话框中选择"竖直"定位方式，选择圆柱顶面边缘，在打开的"设置圆弧位置"对话框中单击"圆弧中心"按钮，然后选择如图 8-65 所示的垫块长度方向的对称中心线，在随后打开的"定位"对话框中设置距离为 27mm，单击"确定"按钮创建垫块，如图 8-66 所示。

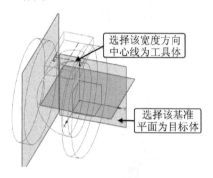

图 8-64 "线落在线上"定位方式

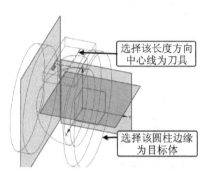

图 8-65 "竖直"定位方式

11. 创建斜角

单击"特征"工具条中的"倒斜角"按钮，在打开的对话框中进行设置，如图 8-67 所示，选择如图 8-67 所示的垫块的边缘，设置"距离 1"为 45mm，"距离 2"为 10mm，单击"确定"按钮创建第一个斜角，如图 8-68 所示。

图 8-66 创建垫块

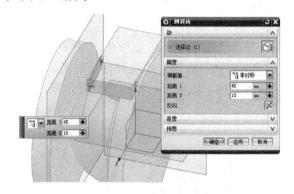

图 8-67 倒斜角参数设置

利用上述同样的方法，选择如图 8-68 所示的边，创建"距离 1"为 10mm、"距离 2"为 45mm 的斜角，如图 8-69 所示。

12. 镜像斜角

选择"插入"→"关联复制"→"镜像特征"菜单命令，首先在绘图区选择已创建的两个斜角特征，然后单击"镜像平面"栏中的"选择平面"按钮，选择如图 8-69 的基准平面，单击"确定"按钮镜像斜角，得到的实体如图 8-70 所示。

13. 创建简单孔

在"特征"工具条中单击"孔"按钮，打开"孔"对话框，在"形状和尺寸"栏的

"成形"下拉列表中选择"简单"，"直径"设置为 32，"深度"设置为 15，"顶锥角"设置为 90。接着弹出"草图点"对话框，单击"关闭"按钮，在绘图区定位孔中心点位置，如图 8-71(a)所示。单击"完成草图"按钮，在返回的 "孔"对话框单击"确定"按钮，完成简单孔的创建操作，创建结果如图 8-71(b)所示。

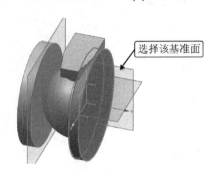

| 图 8-68　创建第一个斜角 | 图 8-69　创建第二个斜角 | 图 8-70　镜像斜角 |

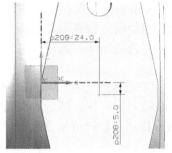

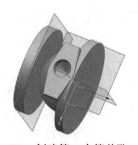

(a)　定位孔中心点位置　　　　　　(b)　创建第一个简单孔

图 8-71　创建简单孔 1

利用上述同样的方法，再创建一个简单孔，"指定矢量"选择"-ZC 轴"，"指定点"选择上一步创建的简单孔中心，孔的参数如图 8-72(a)所示，设置"直径"为 20，"深度"为 50，"顶锥角"为 118°，单击"确定"按钮。创建的简单孔如图 8-72(b)所示。

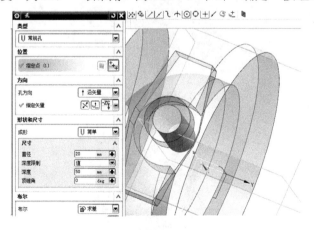

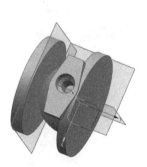

(a)　孔的参数设置　　　　　　　　(b)　创建第二个简单孔

图 8-72　创建简单孔 2

14. 创建基准平面

单击"特征操作"工具条中的"基准平面"按钮□，在打开对话框的"类型"下拉列表中选择"点和方向"选项，选择如图8-73所示的基准平面和简单孔圆心，单击"确定"按钮，创建如图8-74所示的基准平面。

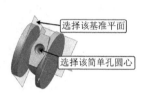

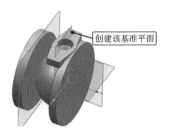

图8-73　选择对象　　　　　　　　　图8-74　创建基准平面

15. 创建键槽

(1) 选择放置面和水平参考。单击"特征"工具条中的"键槽"按钮，在打开的对话框中单击"矩形"按钮，选择第10步创建的垫块的顶面为放置面，选择上一步创建的基准平面为水平参考，设置键槽的长度为36mm，宽度为10mm，高度为15mm，单击"确定"按钮。

(2) 定位键槽。在"定位"对话框中选择"线落在线上"定位方式，选择如图8-75所示的基准平面为目标体，选择键槽长度方向的中心线为工具体。然后再次选择"线落在线上"定位方式，选择如图8-76所示的垫块边缘为目标体，选择键槽宽度方向的中心线为工具体，创建的键槽如图8-77所示。

16. 镜像键槽

采用第12步相同的步骤将上述创建的键槽进行镜像，得到的模型如图8-78所示。

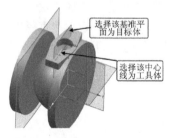

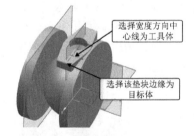

图8-75　创建第一组定位对象　　　　　图8-76　创建第二组定位对象

图8-77　创建键槽　　　　　　　　　　图8-78　镜像键槽

17. 创建沉头孔

单击"特征"工具条中的"孔"按钮🔧，弹出"孔"对话框，在"形状和尺寸"栏的"成形"下拉列表中选择"沉头"，输入"沉头直径"为 70，"沉头深度"为 5，孔"直径"为 50，"深度限制"为"贯通体"，其他参数选择默认。在绘图区选择定位孔中心点位置，单击"确定"按钮，完成沉头孔的创建操作。创建结果如图 8-79 所示。

18. 创建圆孔

在"特征"工具条中单击"孔"按钮🔧，打开"孔"对话框，在"形状和尺寸"栏的"成形"下拉列表中选择"简单"，"直径"设置为 10.5，"深度限制"为"贯通体"，系统弹出"草图点"对话框。单击"关闭"按钮，在绘图区定位孔中心点位置，如图 8-80 所示，单击"完成草图"按钮后，在返回的"孔"对话框中单击"确定"按钮，完成简单孔的创建操作，创建结果如图 8-81 所示。

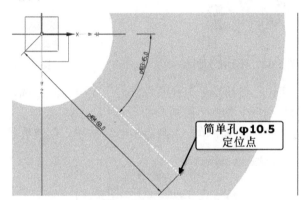

简单孔φ10.5
定位点

图 8-79　创建沉头孔　　　　　　图 8-80　定位孔中心点位置

19. 阵列圆孔

选择"插入"→"关联复制"→"阵列特征"菜单命令，打开"阵列特征"对话框，在"布局"下拉列有中选择"圆形"选项；"旋转轴"中"指定矢量"选择 Y 轴，"指定点"选择坐标原点；"角度方向"中"间距"选择"数量和节距"，"数量"设置为 4，"节距角"设置为 90，设置如图 8-82 所示，然后在绘图区选择要阵列的简单孔，预览后单击"确定"按钮。完成的阵列结果如图 8-83 所示。

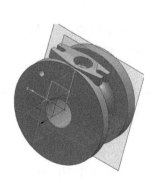

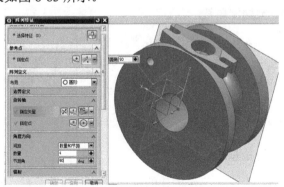

图 8-81　创建圆孔　　　　　　图 8-82　阵列特征相关设置

20. 创建腔体

单击"特征"工具条中的"腔体"按钮，在打开的对话框中单击"圆柱坐标系"按钮，如图 8-84 所示。选择腔体放置面，选择如图 8-85 所示的圆柱顶面为放置面，设置"腔体直径"为 98mm，"深度"为 54.5mm，"底面半径"为 10mm，"锥角"为 0，单击"确定"按钮。

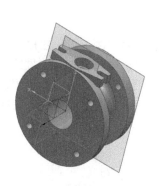

图 8-83 环形阵列圆孔

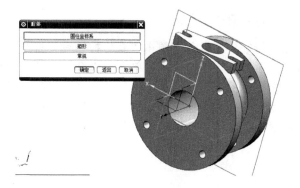

图 8-84 "圆柱坐标系"按钮

在"定位"对话框中选择"点到点"定位方式，选择如图 8-85 所示的圆台顶面边缘→在打开的对话框中单击"圆弧中心"按钮，然后根据提示选择"工具边"为腔体的圆弧边缘，在打开的对话框中单击"圆弧中心"按钮，创建的腔体如图 8-86 所示。

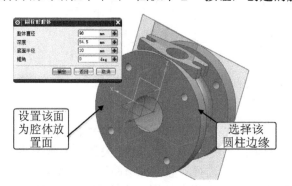

设置该面为腔体放置面

选择该圆柱边缘

图 8-85 腔体参数设置和放置面选择

图 8-86 创建腔体

21. 创建简单孔

在"特征"工具条中单击"孔"按钮 ，在打开的"孔"对话框中，"孔方向"选择"沿矢量"，"指定矢量"选择"-YC 轴"；在"形状和尺寸"栏的"成形"下拉列表中选择"简单"，"直径"设置为 72，"深度"为 8，"顶锥角"为 0。在绘图区选择如图 8-87 所示的圆弧边缘中心定位孔中心点位置，单击"确定"按钮，完成简单孔的创建操作，创建结果如图 8-88(a)所示。

22. 隐藏基准平面

在绘图区选择已经创建的基准平面，单击右键，在弹出的快捷菜单中选择"隐藏"选项，则把所选的基准平面全部隐藏，创建结果如图 8-88(b)所示。

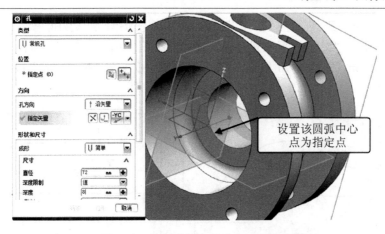

图 8-87　圆弧边缘定位孔和孔参数设置

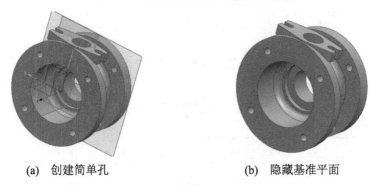

(a)　创建简单孔　　　　　　　　(b)　隐藏基准平面

图 8-88　创建简单孔及隐藏基准平面

23. 保存文件

选择"文件"→"关闭"→ "保存并关闭"菜单命令，保存并关闭部件文件。

8.4　机盖创建范例

本范例介绍如图 8-89(a)所示的机盖的创建过程。创建该机盖模型，需要用到的有草图、拉伸体、圆柱、圆台、孔、垫块和基准平面等，需要用到的特征操作有边倒圆、倒斜角、偏置面、阵列特征和镜像特征等。

1. 新建部件文件

启动 UG NX，选择"文件"→"新建"菜单命令或在"标准"工具条中单击"新建"按钮，建立名为 jigai.prt 的新部件文件，单位为 mm，然后进入建模应用模块。

2. 创建拉伸体

(1) 创建草图。单击"特征"工具条中的"在任务环境中绘制草图"按钮，选择 YC-ZC 平面作为草图平面，绘制如图 8-89(b)所示的草图，并添加适当的约束。单击"完成草图"按钮。

(2) 单击"特征"工具条中"拉伸"按钮，首先选择已绘制好草图，在"拉伸"对话框"限制"栏中的"结束"下拉列表中选择"对称值"选项，并在"距离"文本框中设置拉伸距离为 51mm，如图 8-90 所示。单击"拉伸"工具条中的"确定"按钮，创建的实体如图 8-91 所示。

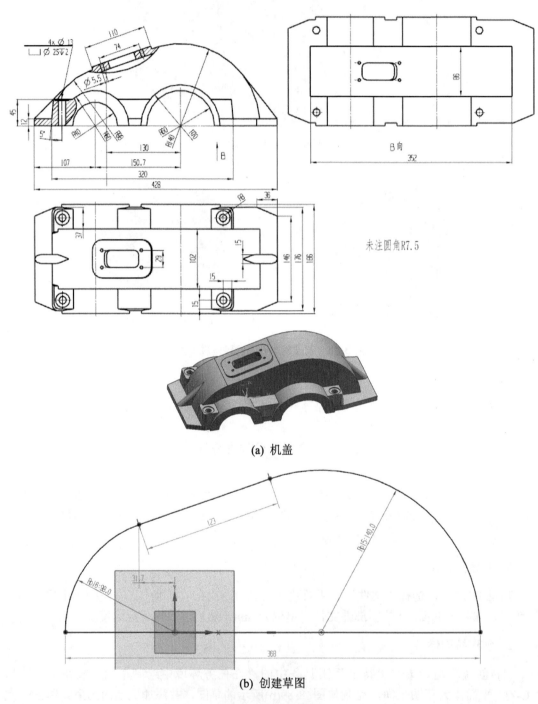

(a) 机盖

(b) 创建草图

图 8-89　创建草图

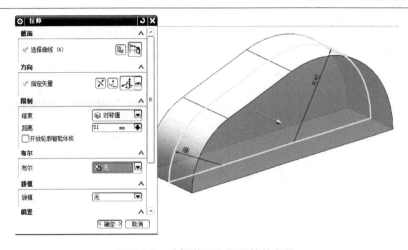

图 8-90　选择草图和设置拉伸参数

图 8-91　创建拉伸体

3. 将实体抽壳

单击"特征操作"工具条中"抽壳"按钮，将视图方向旋转，选择如图 8-92 所示的拉伸体的底面，在"抽壳"对话框的"厚度"文本框中输入 8，单击"确定"按钮，进行抽壳，如图 8-93 所示。

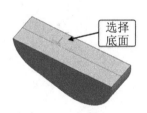

图 8-92　选择底面

图 8-93　实体抽壳

4. 创建拉伸体

单击"特征"工具条中"拉伸"按钮，选择图 8-94 抽壳形成的腔体的四条内边缘，然后设置如图 8-95 所示的参数，最后单击"确定"按钮创建拉伸体，如图 8-96 所示。

提示：　拉伸方向要指向实体内部。

5. 偏置实体表面

单击"特征"工具条中的"偏置面"按钮，选择如图 8-96 所示的左右两个端面，在打开的对话框设置"偏置"距离为-7mm,单击"确定"按钮将所选端面进行偏置,如图 8-97 所示。

提示: 偏置方向应指向实体内部。

图 8-94 选择实体边缘　　　　图 8-95 设置拉伸参数

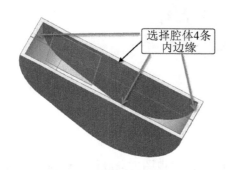

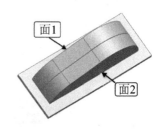

图 8-96 创建拉伸体　　　　图 8-97 偏置实体表面

6. 创建基准平面

单击"特征操作"工具条中的"基准平面"按钮 □ ,在打开对话框的"类型"下拉列表中选择"自动判断的平面"选项 ⊠ ,依次选择如图 8-97 所示的两个表面,单击"确定"按钮创建,如图 8-98 所示的基准平面。

7. 创建倒斜角

在"特征"工具条中单击"倒斜角"按钮 ⬧ ,弹出如图 8-98 所示的"倒斜角"对话框,在"偏置"下的"横截面"下拉列表中选择"非对称"选项,设置如图 8-98 所示。移动鼠标选择需要倒角的边(如图 8-98 所示的棱边)，单击"确定"按钮，完成倒斜角操作，如图 8-99 所示。

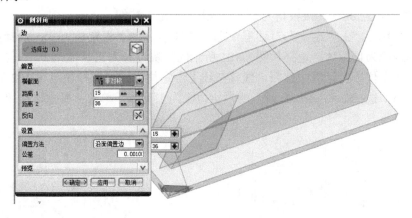

图 8-98　"倒斜角"对话框和相关设置

图 8-99　创建第一个倒斜角

利用上述同样的方法，选择第二条边，"距离 1"设置为 36；"距离 2"设置为 15，倒斜角如图 8-100(a)所示。

8. 镜像斜角

选择单"插入"→"关联复制"→"镜像特征"菜单命令，首先在绘图区选择已创建的两个斜角特征，然后单击"镜像平面"栏中的"选择平面"按钮，选择如图 8-100(a)所示的基准平面，单击"确定"按钮镜像斜角，得到的实体如图 8-100(b)所示。

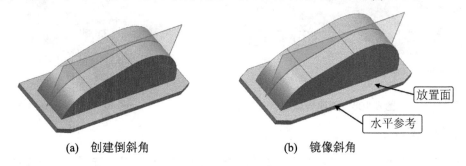

(a)　创建倒斜角　　　　　　　(b)　镜像斜角

图 8-100　镜像斜角

9. 创建垫块

(1) 选择放置面和水平参考。单击"特征"工具条中的"垫块"按钮 ，在打开的对话框中单击"矩形"按钮，选择如图 8-100(b)所示拉伸体的顶面为放置面，选择如图 8-100(b)所示的实体边缘为水平参考，然后设置垫块的长度为 320mm、宽度为 45mm、高度为 33mm、拐角半径为 8mm、拔模角为 5°，单击"确定"按钮。

(2) 定位垫块。在"定位"对话框中选择"线落在线上"定位方式，选择如图 8-101 所示的实体边缘为目标体，选择如图 8-101 所示的垫块边缘为工具体。

重新在"定位"对话框中选择"线落在线上"定位方式，选择如图 8-102 所示的实体边缘为目标体，选择如图 8-102 所示的垫块边缘为工具体，单击"确定"按钮创建垫块，如图 8-103 所示。

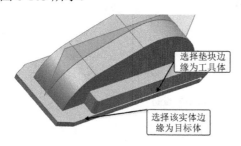

图 8-101　选择第一组定位对象

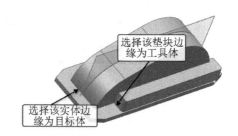

图 8-102　选择第二组定位对象

10. 创建圆台 1

(1) 选择放置面。单击"特征"工具条中的"凸台"按钮，选择如图 8-103 所示的拉伸体的前表面为放置面，设置圆台的直径为 120mm，高度为 42mm，拔模角为 0°。单击"确定"按钮。

(2) 定位圆台。在打开的"定位"对话框中选择"点到直线上"定位方式，选择如图 8-103 所示的第一条边。在"定位"对话框中选择"平行"定位方式，选择如图 8-103 所示的第二条边，在随后打开的对话框中设置距离为 108mm，单击"确定"按钮创建圆台 1，如图 8-104 所示。

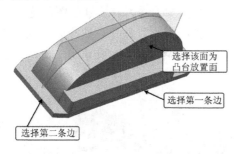

图 8-103　创建垫块

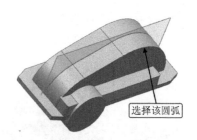

图 8-104　创建圆台 1

11. 创建圆台 2

(1) 选择放置面。单击"特征"工具条中的"凸台"按钮，选择如图 8-104 所示的拉伸体的前表面(同圆台 1 的放置面)为放置面，设置圆台的直径为 140mm，高度为 42mm，拔模角为 0°。单击"确定"按钮。

(2) 定位圆台。在打开的"定位"对话框中选择"点到点"定位方式，选择如图 8-104

所示的圆弧边缘，然后在随后打开的对话框中单击"圆弧中心"按钮，单击"确定"按钮，创建圆台 2，如图 8-105 所示。

12. 创建两个简单孔

单击"特征"工具条中的"孔"按钮 🔘，打开"孔"对话框，在"形状和尺寸"栏中的"成形"下拉列表中选择"简单"，设置孔的"直径"为 80mm，深度设置贯通体，在绘图区选择小圆台圆心，单击"确定"按钮，完成简单孔的创建操作，如图 8-106 所示。

同样的方法创建直径为 120mm 的孔，只是定位选择大圆台圆心，创建的两个简单孔如图 8-107 所示。

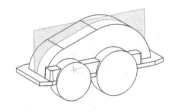  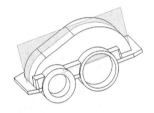

图 8-105　创建第二个圆台图　　　图 8-106　选择通过面　　　图 8-107　创建圆孔

13. 修剪实体

单击"特征"工具条中的"修剪体"按钮 🔲，选择整个实体为要修剪的目标体。然后在对话框的"工具选项"栏中选择"新建平面"，在绘图区选择如图 8-108 所示的端面为修剪面，单击"确定"按钮将实体修剪，如图 8-109 所示。

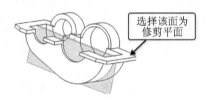 

图 8-108　选择修剪表面　　　　　　　图 8-109　修剪实体

14. 创建沉头孔

在"特征"工具条中单击"孔"按钮 🔘，弹出"孔"对话框，在"形状和尺寸"栏的"成形"下拉列表中选择"沉头"，设置沉头孔直径为 25mm，沉头深度为 2mm，孔直径为 13mm，其他参数选择默认。选择孔所在平面，如图 8-109 所示，单击"确定"按钮，弹出如图 8-14 所示的"草图点"对话框，单击"关闭"按钮，在绘图区定位孔中心点位置，设置到第一条边和第二条边的距离都为 15mm，如图 8-110 所示，单击"完成草图"按钮后，在返回的"孔"对话框单击"确定"按钮，完成沉头孔的创建操作。创建结果如图 8-111 所示。

采用上述同样的参数和方法，创建第二个沉头孔，放置面和定位对象如图 8-112 所示，创建的沉头孔如图 8-113 所示。

15. 镜像特征

选择"插入"→"关联复制"→"镜像特征"菜单命令，首先在绘图区选择已创建的垫块、两个圆台、两个简单孔、修剪体、两个沉头孔，然后在"选择步骤"栏中单击"选择平面"按钮，选择已创建的基准平面，单击"确定"按钮进行特征镜像。得到的模型如图 8-114 所示。

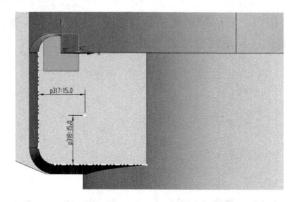

图 8-110　定位孔中心点位置

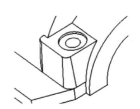

图 8-111　创建第一个沉头孔

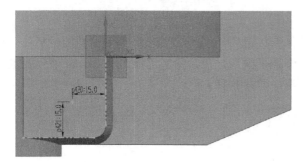

图 8-112　选择放置面和定位对象

图 8-113　创建第二个沉头孔

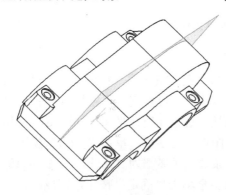

图 8-114　镜像特征

16. 创建垫块

(1) 选择放置面和水平参考。单击"特征"工具条中的"垫块"按钮 ，在打开的对话框中单击"矩形"按钮，选择如图 8-115 所示拉伸体的顶面为放置面，选择图中的基准平面为水平参考，然后设置垫块的长度为 110mm；宽度为 65mm；高度为 5mm，拐角半径为 18mm，拔模角为 0°，单击"确定"按钮。

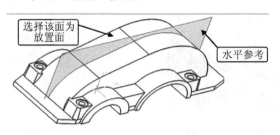

图 8-115　选择放置面和水平参考

（2）定位垫块。在"定位"对话框中选择"线落在线上"定位方式，选择如图 8-116 所示的基准平面为目标体，选择如图 8-116 所示的垫块的中心线为工具体。然后重新在"定位"对话框中选择"垂直"定位方式，选择如图 8-117 所示的实体边缘为目标体，选择如图 8-117 所示的垫块边缘为工具体，在随后打开的"创建表达式"对话框中设置距离为 7mm，单击"确定"按钮，创建垫块如图 8-118 所示。

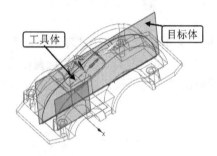

图 8-116　选择第一组定位对象

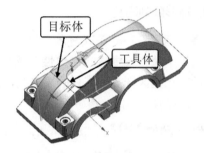

图 8-117　选择第二组定位对象

17．创建腔体

单击"特征"工具条中的"腔体"按钮，在打开的对话框中单击"矩形"按钮，选择如图 8-118 所示的垫块顶面为放置面，如图 8-118 所示的垫块边缘线为水平参考，设置腔体的长度为 64mm，宽度为 29mm，深度为 25mm，拐角半径为 8mm，其余参数为 0°，单击"确定"按钮。

在"定位"对话框中选择"线落在线上"定位方式，选择如图 8-119 所示的基准平面为目标体，选择腔体长度方向的对称中心线为工具体。

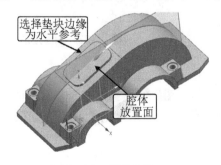

图 8-118　创建垫块

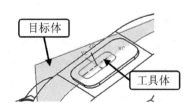

图 8-119　选择第一组定位对象

然后在"定位"对话框中选择"垂直"定位方式，选择如图 8-120 所示的目标体和工具体，在随后打开的对话框中设置距离为 55mm，创建的腔体如图 8-121 所示。

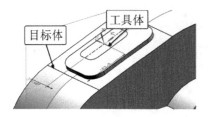

图 8-120　选择第二组定位对象

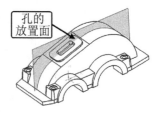

图 8-121　创建腔体

18. 创建简单孔

在"特征"工具条中单击"孔"按钮■，打开"孔"对话框，在"形状和尺寸"栏的"成形"下拉列表中选择"简单"，直径设置为 5.5mm，深度设置为 10mm，顶锥角设置为 118°，在绘图区选择垫块圆弧中心定位孔中心点，单击"确定"按钮，完成简单孔的创建操作，如图 8-122 所示。

19. 矩形阵列圆孔

选择"插入"→"关联复制"→"阵列特征"菜单命令，打开"阵列特征"对话框，在"布局"下拉列表中选择"线性"选项；"方向 1"和"方向 2"参数设置如图 8-122 所示。然后在绘图区选择要阵列的简单孔，预览后单击"确定"按钮。完成的简单孔阵列结果如图 8-123 所示。

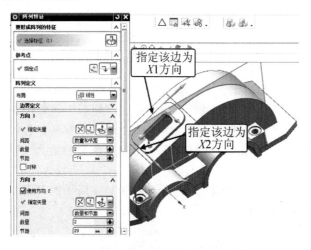

图 8-122　阵列方向与参数设置

图 8-123　创建矩形阵列

20. 创建草图

单击"特征"工具条中的"在任务环境中绘制草图"按钮■，选择基准平面作为草图平面，绘制如图 8-124 所示的草图，并添加适当的约束。单击"完成草图"按钮。

21. 创建拉伸体

单击"特征"工具条中"拉伸"按钮■，首先选择已绘制好的草图，在"拉伸"对话框"限制"栏的"起始"下拉列表中选择"对称值"选项，并在其右侧的文本框中设置拉伸距离为 7.5mm，选择布尔操作方式为"求和"。单击"拉伸"工具条中的"确定"按钮，创建的实体如图 8-125 所示。

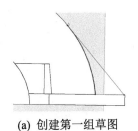

(a) 创建第一组草图　　　　　　(b) 创建第二组草图

图 8-124　创建草图

22. 创建圆角

单击"特征"工具条中的"边倒圆"按钮 ，选择上述创建的拉伸体上与圆柱面相切的面的两条边，如图 8-125 所示，在"边倒圆"对话框中设置"半径 1"的值为 7.5mm，单击"确定"按钮创建圆角，如图 8-126 所示。

图 8-125　创建拉伸体

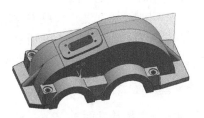

图 8-126　创建圆角

将基准平面和草图隐藏，设置渲染样式为带边着色，最终得到如图 8-127 所示的该模型。

图 8-127　机盖模型

23. 保存文件

选择"文件"→"关闭"→"保存并关闭"菜单命令，保存并关闭部件文件

8.5　表达式建模范例

本范例通过如图 8-128 所示的传动轴介绍部件中条件表达式的应用。该传动轴中间部分开有键槽，要求该部分轴径小于 17mm 时，键槽宽度为 5mm，长度为 12mm，深度为2.5mm。如果该部分轴径大于 17mm 时，键槽宽度为 6mm，长度为 16mm，深度为 3mm。

为了便于修改轴的结构以及保证修改后模型的准确性，可通过条件表达式实现直径与键槽尺寸的关联性。

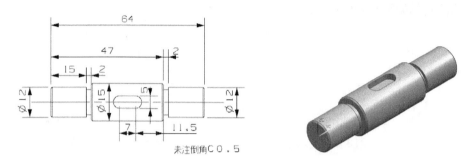

图 8-128　传动轴零件图与模型

1. 打开部件文件

选择"文件"→"打开"菜单命令，打开文件 chuandongzhou.prt，然后进入建模应用模块。

在创建键槽时，传动轴的键槽通过"线落在线上"定位方式，分别使键槽宽度和长度方向的对称中心线与 1、2 两个基准面重合，如图 8-129 所示。因此，当键槽的宽度和长度方向改变的时候，键槽仍然位于轴的中心。

2. 隐藏基准面

图 8-129　传动轴的基准平面 1、2

在绘图区域选择基准面 1、2，单击右键，选择"隐藏"选项，将基准面隐藏。

3. 查看表达式

选择"工具"→"表达式"菜单命令，打开"表达式"对话框，在"列出的表达式"下拉列表中选择"命名的"选项，列表框中显示的表达式如图 8-130 所示。

图 8-130　"表达式"对话框

其中，Axis_diameter 和 Axis_height 分别代表开槽部分的轴的直径和长度，Slot_width、Slot_length 和 Slot_depth 分别代表键槽的宽度、长度和深度。

4. 添加条件表达式

在表达式列表框中选择 Slot_width 表达式，则该表达式的名称和参考值分别显示在列表框下方的"名称"和"公式"文本框中。在"公式"文本框删除原来的 5，然后输入"if(Axis_diameter<17)(5)else(6)"后按 Enter 键，完成表达式的修改。

上述所输入的表达式为条件表达式，其代表的意义为：如果 Axis_diameter 的值小于17，则 Slot_width=5，否则，Slot_width=6。

利用上述同样的方法，将 Slot_length 和 Slot_depth 进行如下修改：Slot_length=if(Axis_diameter<17)(12)else(20) Slot_depth=if(Axis_diameter<17)(2.5)else(3)。

完成修改后，表达式对话框的列表框内容如图 8-131 所示。

图 8-131　添加条件表达式

5. 编辑轴的参数

在"表达式"对话框的列表框中选择 Axis_diameter 表达式，然后在"公式"文本框中将原来的值 15 改为 18 后按 Enter 键，单击"确定"按钮关闭对话框。则更新后的传动轴的结构，如图 8-132 所示。

6. 查看参数

在绘图区选择键槽，单击鼠标右键，在弹出的快捷菜单中选择"编辑参数"选项，在打开的"编辑参数"对话框中单击"特征对话框"按钮，打开如图 8-133 所示的对话框。该对话框显示了当前的参数，可以看到当轴的直径修改为 18 后，键槽的所有尺寸均根据条件表达式发生了改变。

图 8-132　编辑后的传动轴

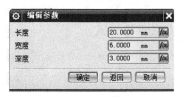

图 8-133　"编辑参数"对话框

提示： 因为键槽的所有的参数由条件决定，因此，在如图 8-133 所示的对话框不能对键槽的参数进行修改。

8.6　渐开线圆柱齿轮创建范例

1. 创建齿轮

(1) 打开 UG 软件，单击"新建"按钮，选择"模型"，如图 8-134 所示，单击"确定"按钮，完成模型的新建。

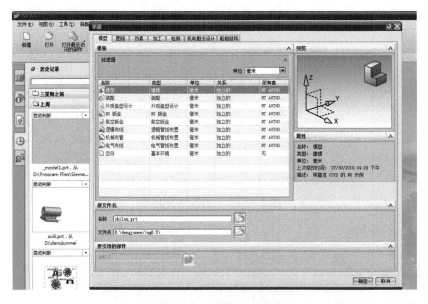

图 8-134　"新建"对话框

(2) 单击工具条中的"GC 工具箱"按钮，再单击"圆柱齿轮建模"按钮，如图 8-135 所示。

(3) 系统弹出"渐开线圆柱齿轮建模"对话框，如图 8-136(a)所示。选择"创建齿轮"单选按钮，单击"确定"按钮，弹出"渐开线圆柱齿轮类型"对话框，参数设置如图 8-136(b)所示。

(4) 单击"确定"按钮，弹出"渐开线圆柱齿轮参数"对话框，设置齿轮参数如图 8-137所示。

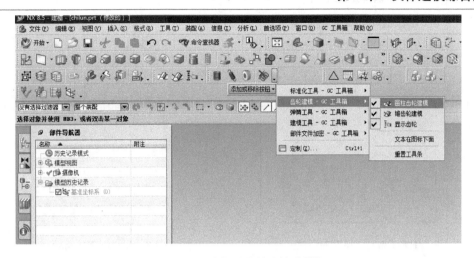

图 8-135　选择"圆柱齿轮建模"

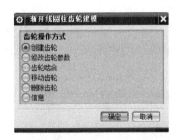

(a) "渐开线圆柱齿轮"对话框 1

(b) "渐开线圆柱齿轮"对话框 2

图 8-136　"渐开线圆柱齿轮"对话框

(5) 单击"确定"按钮，弹出如图 8-138 所示的"矢量"对话框，选择 ZC 轴，单击"确定"按钮，在弹出的如图 8-139 所示的"点"对话框中选择"自动判断的点"选项，单击"确定"按钮。创建齿轮如图 8-140 所示。

图 8-137　"渐开线圆柱齿轮参数"对话框　　　　　图 8-138　"矢量"对话框

图 8-139　"点"对话框

图 8-140　创建的齿轮

2. 加工修正

(1) 创建孔。选择"插入"→"设计特征"→"孔"菜单命令，如图 8-141 所示。在弹出的"孔"对话框中设置参数，如图 8-142 所示。单击"确定"按钮，完成孔的创建如图 8-143 所示。

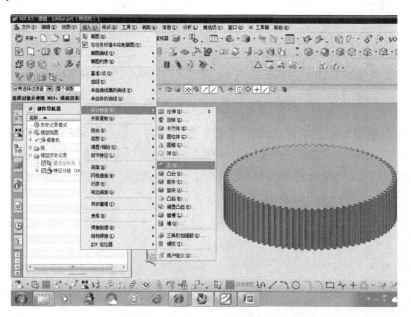

图 8-141　选择"孔"命令

(2) 继续创建孔，如图 8-144 所示(有数据要求时，根据具体尺寸)。

(3) 阵列孔。选择"插入"→"设计特征"→"关联复制"→"阵列特征"菜单命令，在弹出的对话框中设置参数，如图 8-145 所示。单击"确定"按钮，完成阵列孔，如图 8-146 所示。

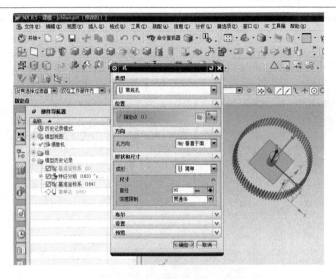

图 8-142　设置"孔"参数

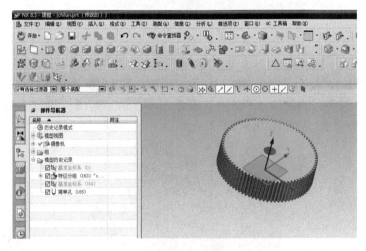

图 8-143　创建孔 1

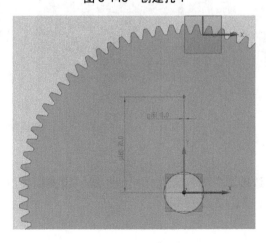

图 8-144　创建孔 2

图 8-145　阵列孔

3. 创建轴孔

先完成如图 8-147(a)所示的草图(具体两个圆的大小要根据数据确定)。选择两条曲线进行拉伸，选择"矢量"为-ZC，"开始"设置 0，"结束距离"设置为 22.5，选择"求差"，得到的图形如图 8-147(b)所示。

图 8-146　完成阵列孔

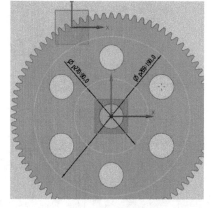

(a) 绘制草图

(b) 求差后的实体

图 8-147　创建轴孔

4. 边倒圆

单击工具条中的"边倒圆"按钮，选择模型边缘，设置倒圆角半径为 3mm，单击"确定"按钮，如图 8-148 所示。

5. 创建倒角

单击工具条中的"倒斜角"按钮，选择模型边缘，设置倒斜角距离为 2.5mm，单击

"确定"按钮,如图 8-149 所示。

图 8-148　边倒圆

6. 镜像特征

(1) 首先创建基准平面,选择"YC-XC 平面","距离"设置为 30,如图 8-150 所示。

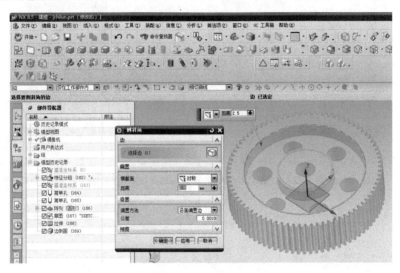

图 8-149　倒斜角

(2) 镜像特征,如图 8-151 所示,镜像后结果如图 8-152 所示。

7. 创建腔体

在 XC-YC 平面创建水平面,在 XC-ZC 创建基准面矩形,并放置在刚创建的基准平面上。单击"反向默认侧",并设置该平面为水平参考。设置腔体参数,长 12mm、宽 200mm、深 25mm(具体参数根据实际数据确定),创建的腔体如图 8-153 所示。

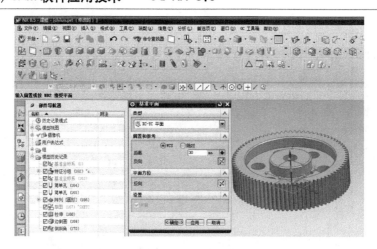

图 8-150　创建基准平面

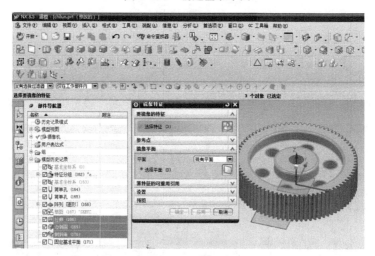

图 8-151　镜像特征

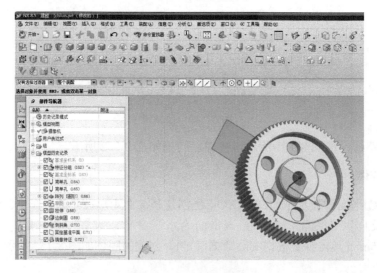

图 8-152　镜像后结果

8. 隐藏基准平面并保存

得到的齿轮如图 8-154 所示。

图 8-153　创建腔体

图 8-154　创建齿轮

8.7　球阀零件图创建范例

1. 密封圈创建

密封圈零件图及模型如图 8-155 所示。

创建思路：圆柱(直径 72，高度 35.5)→减掉球体(直径 65)→打直径为 40 的通孔(孔或减掉圆柱)→修剪实体。

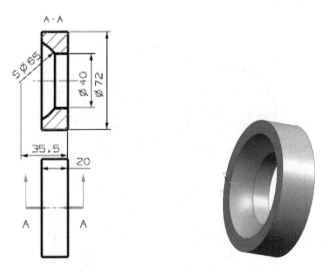

图 8-155　密封圈零件图及模型

2. 阀芯创建

阀芯零件图及模型如图 8-156 所示。

创建思路：球体(直径 65)→打直径为 40 的通孔(孔或减掉圆柱)→腔体或键槽。

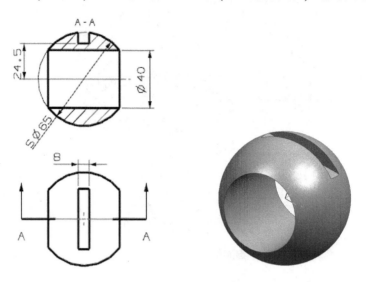

图 8-156　阀芯零件图及模型

3. 左阀体创建

左阀体零件图如图 8-157 所示。

创建思路：圆柱(直径 172，高度 15，-YC 轴)→圆台 1(直径 98，高度 2，YC 轴)→圆台 2(直径 90，高度 60，−5°-YC 轴)→圆台 3(直径 160，高度 15，0°-YC 轴)→沉头孔(ϕ72×10.5×ϕ50)→孔(ϕ70×5)→通孔(4×ϕ10.5，中心距 136)→边倒圆 R8→倒斜角 2。

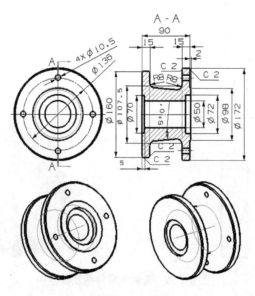

图 8-157　左阀体

4. 阀杆创建

阀杆零件图及模型如图 8-158 所示。

创建思路：长方体(16×16×28)→圆柱(直径 18，高度 28，与长方体求交)→圆柱(直径 18，高度 85，求和)→腔体或键槽(30×20×10)或绘制草图拉伸。

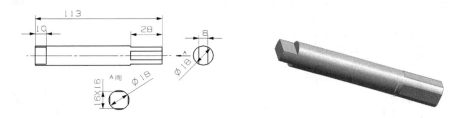

图 8-158　阀杆零件图及模型

5. 填料创建

填料零件图及模型如图 8-159 所示。

创建思路：圆柱(直径 32，高度 14)→通孔(ϕ18)→倒斜角 3.5。

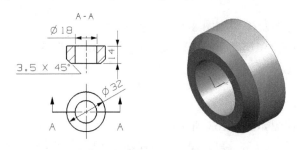

图 8-159　填料零件图及模型

6. 填料压盖创建

填料压盖零件图及模型如图 8-160 所示。

创建思路：圆柱(直径 32，高度 7)→垫块(95×45×12)→倒斜角(45×15)→边倒圆(R10.4，垫块两侧)→边倒圆(R10，垫块中间)→圆台(ϕ40×15)→通孔(ϕ18)→倒斜角 1 通孔(ϕ10.5)。

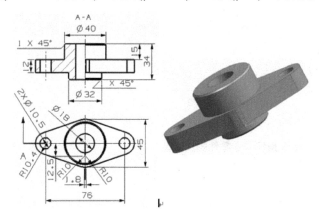

图 8-160　填料压盖零件图及模型

7. 手柄创建

手柄零件图及模型如图 8-161 所示。

创建思路：圆柱(直径 36，高度 20)→垫块(12×20×150)→边倒圆(R10)→倒斜角(1.5)→减去长方体(16×16×20 或腔体)。

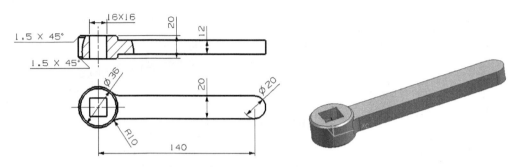

图 8-161 手柄零件图及模型

8. 螺钉 M10_30 创建

螺钉 M10_30 零件图及模型如图 8-162 所示。

创建思路：圆柱(直径 16，高度 10)→圆柱(直径 10，高度 30)→倒斜角(0.5)→六边形草图，拉伸长度 5→螺纹。

9. 螺钉 M10_45 创建

螺钉 M10_45 零件图如图 8-163 所示。

创建思路：圆柱(直径 16，高度 10)→圆柱(直径 10，高度 45)→倒斜角(0.5)→六边形草图，拉伸长度 5→螺纹(长度 35)。

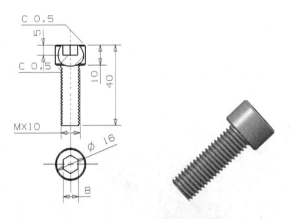

图 8-162 螺钉 M10_30 零件图及模型

图 8-163 螺钉 M10_45 模型

10. 螺母 M10 创建

螺母 M10 零件图如图 8-164 所示。

创建思路：六边形草图，拉伸长度 8→孔(直径 10)→螺纹。

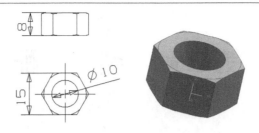

图 8-164　螺母 M10

创建步骤如下。

(1) 利用"曲线"工具条中的"多边形"和"圆"按钮绘制如图 8-165 所示草图。

(2) 拉伸距离设置为 8，如图 8-166 所示。

(3) 以螺母的两条对角棱边建立草图平面。

(4) 以图 8-167 所创建的基准平面为草图平面，绘制如图 8-168 所示的草图。

图 8-165　六边形和圆草图

图 8-166　拉伸

图 8-167　创建基准平面

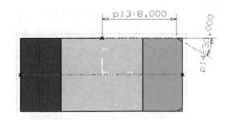

图 8-168　螺母成型图

(5) 回转如图 8-168 所示的草图，进行布尔运算求并差，隐藏基准平面和草图所得模型如图 8-169(a)所示。

(6) 创建实体螺纹，如图 8-169(b)所示。

(a) 螺母模型

(b) 螺母 M10

图 8-169　螺母

第9章 装　　配

本章要点

- 掌握装配的基础知识和基本术语。
- 掌握"自下而上"的装配建模方法，主要学习添加配对约束的各种方法。
- 利用装配导航器对装配部件进行有效管理。

技能要求

- 具备合理选用装配方法的能力。
- 具备创建装配爆炸图的能力。
- 具备重新定位组件的能力
- 具备创建装配安装顺序的能力。

本章概述

本章以球阀的装配为实战项目，向读者介绍 UG NX 软件创建装配的基本理念和创建装配体的一般方法。

通过前面几章的学习，我们已经可以建立单个的、独立的实体零件了。但对从事机械设计或相关工作的人员来讲，这还是远远不够的，还需要进一步学习如何把单一的实体组合装配，并能够在装配环境中进行零件的关联设计。

利用"装配"菜单中的"爆炸图"功能生成装配部件的爆炸视图。

9.1　装配功能模块概述

UG NX 的装配功能模块是集成环境中的一个应用模块。装配，简单地说就是将各种零件组装在一起，构成完整产品的过程。装配模型产生后，可以建立爆炸视图，也可以生成装配和拆卸动画。

单击"标准"工具条中的"开始"按钮，在打开的下拉菜单中选择"装配"命令，进入装配应用模块。"装配"下拉菜单和工具条如图 9-1 所示。

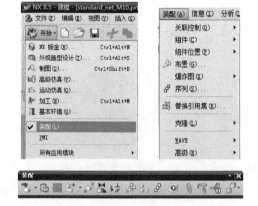

图 9-1　"装配"菜单和工具条

9.1.1　装配术语

1. 装配部件(Assembly)

装配部件是由零件和子装配构成的部件。在装配中，零件的几何体是被装配引用而不是复制到装配中。不管如何编辑部件和在何时编辑部件，整个装配部件保持关联性：如果某部件修改，则引用它的装配部件自动更新。

> **提示：** 当保存一个装配时，各部件的实体几何数据并不是保存在装配部件文件中，而是保存在相应的零件文件中。

2. 子装配(Subassembly)

子装配是在高一级装配中被用作组件的装配，子装配拥有自己的组件。子装配是一个相对的概念，任何一个装配部件，可在更高级装配中用作子装配。

3. 组件(Component)

组件是装配中所引用的部件。组件可以是单个部件(即零件)，也可以是一个子装配。组件是由装配部件引用而不是复制到装配部件中。

4. 组件部件(Component Object)

在装配中，一个部件可能在许多地方作为组件被引用，一个组件部件记录的信息有：部件名称、层、颜色、线型、线宽和配对条件等。

5. 单个零件(Piece part)

单个零件是指在装配部件以外存在的零件几何模型，又称主模型。单个零件既可以添加到一个装配部件中去，也可以单独存在。一般在设计时需要注意，它本身不能包含下级组件。

> **提示：** 初学者经常容易犯的一个错误是，在创建好的零件中直接添加组件进行装配。虽然在 UG 中可以这么做，但一般在实际工作中是不被允许的，同时也会给零件的编辑带来困难。

6. 引用集(Reference Set)

引用集是指在一个部件中已命名的几何体集合，用于在较高级别的装配中简化组件的图形显示。对于一个部件而言，系统默认创建的引用集描述如下。

- Model：模型，部件中的第一个实体模型。
- Entire Part：整个部件，部件中的所有数据。
- Empty：空的，不包括任何模型数据。

7. 显示部件

是指当前工作窗口中显示的组件。

8. 工作部件

是指当前工作窗口中可以进行创建和编辑的组件。在默认情况下工作部件显示为其原有颜色，而非工作部件显示为墨绿色。

9.1.2 装配导航器

装配导航器在资源条中以树状方式显示装配部件的结构，每个组件显示为一个节点，提供了一种在装配中快速、简便地操控组件的方法，如选择部件进行各种操作、显示部件、显示/隐藏和删除等操作。

通过单击 UG 窗口左侧的资源条中的"装配导航器"按钮，打开装配导航器，如图 9-2 所示。把光标移至一个节点上，单击鼠标右键，在弹出的快键菜单中可以方便地操作该组件。

模型装配导航器中图标的含义说明如下。

● 装配件或子装配。如果图标为黄色，说明该装配件在工作部件内；如果图标为灰色，并有实线线框，说明该装配件在非工作部件内；如果图标为灰色，并有虚线线框，说明该装配件被关闭。

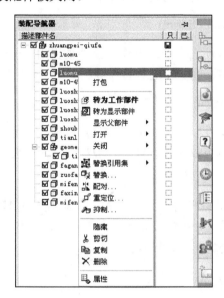

图 9-2　装配导航器及快捷菜单

● 组件。如果图标为黄色，说明该组件在工作部件内；如果图标为灰色，并有实线线框，说明该组件在非工作部件内；如果图标为灰色，并有虚线线框，说明该组件被关闭。

● ，装配或子装配压缩为一个节点。

● ，装配或子装配展开每个组件节点。

● ，若图标中对钩为红色，则该组件被显示；若图标中对钩为灰色，则该组件被隐藏。

9.1.3 装配建模方法

NX 装配环境提供两种装配建模方法，分别用于装配已存在的组件和创建新组件。

1. 自下而上建模(Bottom-up Modeling)

对数据库中已经存有的系列产品零件、标准件及外购件，可以通过自下而上的方法入到装配部件中来。此时装配建模的过程是建立组件配对关系的过程。

2. 自上而下建模(Top-down Modeling)

自上而下装配建模是在装配级中建立新的并可以与其他部件相关联的部件模型，是在装配部件的顶级向下产生子装配和零件的建模方法。顾名思义，自顶向下装配是先在结构树的顶部生成一个装配，然后下移一层，生成子装配和组件(或部件)，装配中仍然仅包含指向该组件的指针。

3. 混合装配建模

将以上两种方法结合在一起的装配方法称为混合装配建模。例如首先设计几个主要的部件模型，再将它们装配到一起，然后在装配中关联设计其他部件。这是一种最为常见的产品设计方法。

9.2　创建装配模型

通过选择"装配"→"组件"→"添加组件"菜单命令，将设计好的零件模型导入装配中，然后对导入的组件使用配对条件施加约束。所谓的配对条件，是指组件的装配关系，用于确定组件在装配中的相对位置，它是由一个或多个关联约束组成的，用于限制组件在装配中的自由度。

装配模型可以利用"装配"菜单或"装配"工具条的相关选项完成，"装配"工具条的有关选项如图 9-3 所示。

图 9-3　"装配"工具条

9.2.1　添加组件

【功能】：将已建立的组件添加到装配中。

【操作命令】：
- 菜单命令："装配"→"组件"→"添加组件"。
- 工具条："装配"工具条→"添加组件"按钮。

【操作说明】：执行上述命令后，打开如图 9-4(a)所示的"组件"对话框，各选项的说明如下。
- "已加载的部件"列表框：显示加载后的部件名称。
- "最近访问的部件"列表框：对已加载至工作窗口的部件进行显示。
- "打开"栏：单击其右侧的按钮，将弹出如图 9-4(b)所示"部件名"对话框，可以在对话框中选择要进行装配的部件。

(a) "部件"对话框

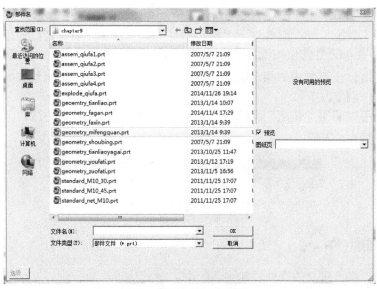

(b) "部件名"对话框

图 9-4 添加组件

- "重复":在"重复"栏的"数量"文本框中输入数值,可定义加入装配体中部件的数量。
- "放置"栏:此栏的定位方式包括绝对原点、选择原点、通过约束种移动 4 种。其中"绝对原点"选项为绝对定位,选择该选项,则通过"点构造器"对话框进行定位;通过约束选项为通过配对条件定位,选择该选项,则通过约束对话框为组件定位。

- "分散"复选框：选中该复选框，可以将多个装配后的相同部件分散放置。
- "复制"栏：无，只能一次定义部件间的装配；添加后重复，可以多次进行部件间的装配，当定位方式为绝对原点时将不能选择；添加后创建阵列，定义部件间的装配后还可以对部件进行阵列。
- "设置"栏：对部件在装配后的显示状态进行设置，包括引用集和图层选项。其中"图层"可选择的选项有"工作层""原先的"和"如指定的"。其中"工作层"选项为工作层，即将组件添加到当前的工作层；"原先的"选项为原图层，即组件的图层仍为原来该组件创建时的图层；"如指定的"选项为指定层，即将组件添加到"图层"文本框指定的图层。
- "预览"栏：当取消勾选"预览"复选框时，"组件预览"对话框将不会出现。

9.2.2　创建新组件

创建新组件的方式与装配方式相关。通常装配方式分为自底向上装配方式和自顶向下装配方式。其中自底向上装配方式即为先设计好装配中的部件几何模型，再将该部件的几何模型添加到装配中，从而使该部件成为一个组件的创建方法。而自顶向下装配方式包括两种：第一种是先在装配中建立一个几何模型，然后创建一个新组件，同时将该几何模型链接到新建组件中；第二种是先建立一个空的组件，它不含任何几何对象，然后使其成为工作部件，再在其中建立几何模型。下面按照装配方式的不同介绍 3 种创建新组件的方法。

1. 自底向上装配

自底向上装配是指先设计好装配中的部件几何模型，再将该部件的几何模型添加到装配中，从而使该部件成为一个组件。

下面介绍自底向上装配方法的具体步骤，同时介绍操作中使用的"装配"工具条中相应图标的含义。

(1) 进入"装配"模块。新建一个部件，然后选择"开始"→"装配"菜单命令，进入装配模块。

(2) 选择要进行装配的部件几何模型。选择"装配"→"组件"→"添加组件"菜单命令或单击"装配"工具条中的"添加组件"按钮，系统将弹出如图 9-4(a)所示的"组件"对话框。在对话框中有两种选择部件的方式：一种是单击"选择部件"按钮，从磁盘文件中选择文件，添加后其自动生成该装配中的组件；另一种是在"已加载的部件"列表框中选择当前工作环境中现存的组件。

提示： 选择"按指定的"选项，其下方的"层"文本框被激活，在其中可输入层号。

2. 先建立模型的自顶向下装配

第一种自顶向下装配方式是先在装配中建立一个几何模型，然后创建一个新组件，同时将该几何模型链接到新建组件中，从而创建新的组件。

(1) 进入"装配"模块。在装配部件中新建一个几何模型或者打开一个存在几何模型的装配部件，然后选择"开始"→"装配"菜单命令，进入装配模块。

(2) 创建新组件。选择"装配"→"组件"→"新建组件"菜单命令或单击"装配"工具条中的"新建组件"按钮，弹出"新部件文件"对话框，可输入新建组件的名称，如图 9-5(a)所示。在对话框中输入文件名称后，单击"确定"按钮，系统将弹出如图 9-5(b)所示的"新建组件"对话框，要求用户设置新组件的有关信息。设置完毕后，系统将在装配模型中产生所选对象的新组件。

下面介绍"新建组件"对话框中主要选项的含义和相应的添加步骤。

- "组件名"文本框：设置组件名称。
- "引用集名称"文本框：指定引用集名称。
- "图层选项"下拉列表：设置产生的组件添加到装配部件的哪一层。系统一共提供了 3 个选项：工作、原始的、按指定的。如果选择"工作"选项，则表示新组件添加到装配部件的工作层；选择"原先的"选项，则表示新组件保持原来的层位置；选择"按指定的"选项，则表示将新组件添加到装配部件的指定层。

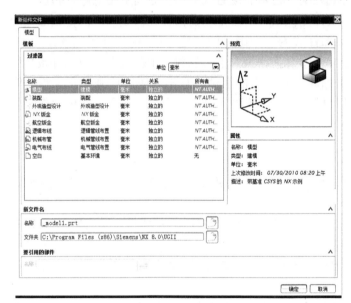

(a) "新组件文件"对话框   (b) "新建组件"对话框

图 9-5 创建新组件

- "组件原点"下拉列表：指定组件原点采用的坐标系是 WCS 工作坐标还是绝对坐标。
- "删除原对象"复选框：选择该选项，则在装配部件中删除定义所选几何实体的对象。

在上述对话框中设置各选项后，单击"确定"按钮，即可在装配中产生一个含所选几何对象的新组件。

第二种自顶向下装配方式是先建立一个空的新组件，它不含任何几何对象，然后使其成为工作部件，再在其中建立几何模型。

(1) 进入装配模块，打开一个文件，然后选择"开始"→"装配"菜单命令，进入装配模块。

提示：　该文件可以是一个不含任何几何体和组件的新文件，也可以是一个含有几何
　　　　体或装配部件的文件。

(2) 创建新组件。选择"装配"→"组件"→"新建组件"菜单命令或单击"装配"工具条中的"新建组件"按钮，系统弹出"新建组件"对话框，提示用户选择添加到该组件中的几何实体。

(3) 由于是产生不含几何对象的新组件，因此该处不需选择几何对象，单击"类选择"对话框中的"确定"按钮，然后在系统弹出的"新建组件"对话框中设置组件名。设置完名称后，单击"确定"按钮，系统弹出如图 9-5(b)所示的"新建组件"对话框，要求用户设置新组件的有关信息。取默认值，则在装配中添加一个不含对象的新组件。

提示：　新组件产生后，由于不含任何几何对象，因此装配图形没有什么变化。完成
　　　　上述步骤以后，"类选择"对话框重新出现，系统再次提示选择对象到新组
　　　　建中，此时可单击"取消"按钮取消对话框。

(4) 单击"确定"按钮，即可产生新的组件。

(5) 进入编辑工作部件状态。新组件产生后，可在其中建立几何对象，首先必须改变工作部件到新组件中。选择"装配"→"关联控制"→"设置工作部件"菜单命令或单击"装配"工具条中的"转为工作部件"按钮，系统弹出"设置工作部件"对话框，在该对话框中显示了开始创建的新组件。在加载部件列表框中双击该组件名称，或者选中该组件名后单击"确定"按钮，即可将该部件转为工作部件，此时即可对该组件进行编辑与建模了。

(6) 建立新组件几何对象。系统提供了两种建立几何对象的方法：第一种是直接建立几何对象。如果不要求组件间的尺寸相互关联，则改变工作部件到新组件，直接在新组件中用 UG 中的"建模"模块功能建立和编辑几何对象，最后再使用"装配约束"对话框进行装配；第二种是建立关联几何对象。

9.2.3　配对组件

配对组件：是通过指定一个组件与其他组件之间的配对条件来定位该组件。

如果选择"通过约束"选项添加组件，会弹出如图 9-6 所示的"装配约束"对话框，根据所添加的部件确定约束类型。

1. 配对对象

建立组件的配对条件时，组件上能够建立配对约束的几何对象称为配对对象。可用于建立配对约束的几何对象如下。

- 直线：包括实体边缘。
- 平面：包括基准面。
- 回转面：如圆柱面、球面、圆锥面和圆环面等。
- 曲线：包括点、圆/圆弧、样条曲线等。
- 基准轴。
- 坐标系。

● 组件。

图 9-6   "装配约束"对话框

2. 约束类型

(1) ⅱ 对齐 对齐：约束两个面接触或彼此对齐，具体子类型又分为首选接触、接触、对齐和自动判断中心轴。

● 接触——约束两个面重合且发现方向相反。
● 对齐——约束两个面重合且发现方向相同。
● ☞ 自动判断中 自动判断中心轴——指定在选择圆柱面或圆锥面时，NX 将使用面的中心或轴而不是面本身作为约束。

另外，接触对齐还用于约束两个圆柱面(或锥面)轴线对齐。

(2) ◎ 同心 同心：约束两个组件的圆形边界或椭圆边界，以使中心重合，并使边界的面共面。

(3) ⅱ 距离 距离：定义一个对象与指定对象之间的最小 3D 距离。通过定义距离为正值或负值，控制该对象在指定对象的哪一侧。

(4) ⤵ 固定 固定：将组件固定在当前位置。要确保组件停留在适当位置，且根据其约束其他组件时，此约束很有用。

(5) ⁒ 平行 平行：定义两个对象的方向矢量互相平行。

(6) ⅂ 垂直 垂直：定义两个对象的方向矢量垂直。

☞ 提示： 可用于平行约束和垂直约束的对象组合有直线与直线、直线与平面、平面与平面、平面与圆柱面(轴线)、圆柱面(轴线)和圆柱面(轴线)。

(7) ⚖ 角度 角度：定义两个对象之间的夹角。角度约束可用于任意一对具有方向矢量的对象，其角度值为两个对象的方向矢量之间的夹角。

(8) ⅲ 中心 中心：用于约束一个对象位于另两个对象的中心，或使两个对象的中心对准另两个对象的中心，因此又分为三种子类型：1 对 2、2 对 1 和 2 对 2。

● 1 对 2——用于约束一个对象定位到另两个对象的对称中心上，如图 9-7(a)所示。

- 2 对 1——用于约束两个对象的中心对准另一个对象。
- 2 对 2——用于约束两个对象的中心对准另两个对象的中心，如图 9-7(b)所示。

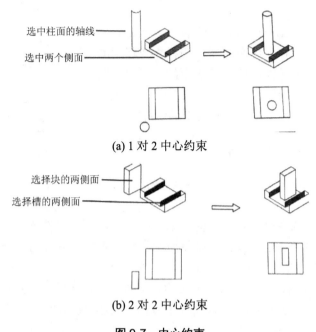

(a) 1 对 2 中心约束

(b) 2 对 2 中心约束

图 9-7　中心约束

(9) 　胶合胶合：用于焊接件之间，胶合在一起的组件可以作为一个刚体移动。

(10) 　拟合拟合：用于约束两个具有相等半径的圆柱面合在一起，比如约束定位销或螺钉到孔中。值得注意的是，如果之后半径不相等，那么此约束将失效。

3. 装配组件的一般操作步骤

(1) 在"装配类型"下拉列表中选择装配约束类型。

(2) 根据所选的装配约束类型，利用"选择步骤"选项组的选项选择进行装配约束的几何对象。

(3) 对于"角度"和"距离"装配约束类型，分别通过"角度表达式"和"距离表达式"文本框指定相应的约束参数值。

(4) 必要时，单击"预览"按钮预览装配结果；单击"取消预览"按钮，则返回预览前的状态。

(5) 单击"应用"按钮应用装配约束，然后继续选择装配约束类型，指定其余的装配约束。若装配时发生错误，可单击"列出错误"按钮查看错误信息。

(6) 完成组件的所有装配约束后，单击"确定"按钮关闭对话框，则组件按照装配约束条件进行配对。

9.3　组　件　阵　列

利用组件阵列，能够在装配中快速创建和编辑关联的组件阵列，可以根据特征引用集创建阵列，或者创建线性阵列或圆形阵列。

【操作命令】：

- 菜单命令："装配"→"组件"→"创建阵列"。
- 工具条："装配"→"创建组件阵列"按钮。

图 9-8　"创建组件阵列"对话框

【操作说明】：执行上述命令后，选择需要阵列的对象，单击绘图区左上角弹出的工具条中的"确定"图标按钮，打开如图 9-8 所示的"创建组件阵列"对话框。利用该对话框可以创建 3 种不同类型的组件阵列。

9.3.1　从阵列特征创建阵列

【功能】：根据特征引用集创建阵列，通常用于将螺栓、垫片等组件添加到空的特征引用集(实例特征)中。

【操作说明】：选择"从阵列特征"单选按钮后，在"组件阵列名"文本框中输入组件阵列的名称，单击"确定"按钮，则将所选的组件根据与其配对的特征的引用集创建阵列，并自动与特征配对。

图 9-9 为根据实例特征阵列的一个实例。阀体上的孔通过环形阵列生成，首先将一个螺钉装配到阀体上，如图 9-9(a)所示。通过阵列可快速生成如图 9-9(b)所示的其他螺钉。

　　(a) 装配组件　　　　　　　　　　　　　　(b) 根据特征引用集阵列

图 9-9　根据实例阵列的实例

9.3.2　线性阵列

【功能】：根据指定的方向和参数创建组件的线性阵列。

【操作说明】：选择"线性"单选按钮，在"组件阵列名"文本框中输入组件阵列的名称，单击"确定"按钮，打开如图 9-10 所示的"创建线性阵列"对话框，首先在"方向定义"栏中选择方向定义方式，然后分别制定 X 和 Y 方向的参考，最后分别输入 X 和 Y 方向阵列数目和偏置距离，单击"确定"按钮，则创建该线性阵列。

方向定义方式有以下 4 种。

- 面法向：通过与放置面垂直的面定义 X 方向和 Y 方向的参考。
- 基准平面法向：通过与放置面垂直的基准面定义 X 方向和 Y 方向的参考。
- 边：通过与放置面共面的边定义 X 方向和 Y 方向的参考。
- 基准轴：通过与放置面共面的基准轴定义 X 方向和 Y 方向的参考。

9.3.3　圆形阵列

【功能】：根据指定的阵列轴线和参数创建圆形组件阵列。

【操作说明】：选择该单选按钮后，在"组件阵列名"文本框中输入组件阵列的名称，单击"确定"按钮，打开如图 9-11 所示的"创建圆形阵列"对话框，首先在"轴定义"栏中选择阵列轴的定义方式，然后分别输入阵列数目和角度，单击"确定"按钮，则创建圆环形阵列。

阵列轴的定义方式有如下 3 种。

- 圆柱面：定义一个圆柱面的轴线为圆形阵列的轴线。
- 边缘：定义一条边为圆形阵列的轴线。
- 基准轴：定义一条存在的基准轴为圆形阵列的轴线。

图 9-10　"创建线性阵列"对话框　　　　图 9-11　"创建圆形阵列"对话框

9.4　装配爆炸图

所谓装配爆炸图，是将装配中配对的组件沿指定的方向和距离偏离原来的实际装配位置，从而更清楚地表达装配组件之间的相互关系。

在菜单"装配"→"爆炸图"中可以找到这些工具，也可以通过"装配"工具条打开"爆炸图"工具条。爆炸图工具条如图 9-12 所示。

图 9-12　"爆炸图"工具条

9.4.1　创建爆炸图

【功能】：在当前视图创建一个爆炸图。

【操作命令】：

- 菜单命令："装配"→"爆炸图"→"新建爆炸图"。
- 工具条："爆炸图"工具条→"新建爆炸图"按钮。

【操作说明】：执行上述命令后，打开如图 9-13 所示的"新建爆炸图"对话框，在"名称"文本框中输入爆炸图的名称，单击"确定"按钮，则创建该爆炸视图。

图 9-13 新建爆炸图"对话框

提示： 爆炸图创建后，组件位置并没有发生变化，需要使用编辑组件爆炸或自动爆炸组件的方法来获得预期爆炸效果。

9.4.2 编辑爆炸图

【功能】：编辑爆炸视图中组件的位置。

【操作命令】：

- 菜单命令："装配"→"爆炸图"→"编辑爆炸图"。
- 工具条："爆炸图"→"编辑爆炸图"按钮。

【操作说明】：执行上述命令后，打开如图 9-14 所示的"编辑爆炸图"对话框，默认为选中"选择对象"选项。在绘图区选择需要移动的对象，然后选择"移动对象"单选按钮，此时在所选对象上显示带移动手柄和旋转手柄的坐标系。可以选择并拖动坐标系的移动手柄或旋转手柄来移动对象，或者选择坐标系的移动手柄或旋转手柄后，在"距离"文本框或者"角度" 文本框中输入移动距离或旋转手柄角度，单击"确定"按钮，则将所选择对象沿指定的方向和距离移动。

图 9-14 "编辑爆炸图"对话框

对话框中其他选项说明如下。

- 只移动手柄：仅移动动态显示的坐标系的移动手柄或旋转手柄，而不影响其他对象。
- 取消爆炸：将所选组件恢复到爆炸前的位置。
- 原始位置：将所选组件移回装配中的原始位置。

9.4.3 自动爆炸组件

【功能】：根据指定的偏置量自动爆炸组件。

【操作命令】：

- 菜单命令："装配"→" 爆炸图"→" 自动爆炸组件"。
- 工具条："爆炸图"→ "自动爆炸组件"按钮。

【操作说明】：执行上述命令后，选择需要移动的组件，单击绘图区左上角弹出的工具条中的"确定"按钮，打开如图 9-15 所示的"自动爆炸组件"对话框，在"距离"文本框中输入偏置距离，单击"确定"按钮，则将所选组件按指定距离移动。若选择"添加间

图 9-15 "自动爆炸距离"对话框

隙"复选框，则根据选择对象的先后顺序，移动距离依次增加，相邻两个对象之间在移动方向的距离为"距离"文本框中指定的距离。

9.4.4　取消爆炸组件

【功能】：将恢复爆炸组件到爆炸前的位置。

【操作命令】：

● 菜单命令："装配"→" 爆炸图"→" 取消爆炸组件"。

● 工具条："爆炸图"→ "取消爆炸组件"。

【操作说明】：执行上述命令后，选择需要恢复位置的组件，单击绘图区左上角弹出的工具条中的"确定"按钮 ✓，则将所选组件恢复到爆炸前的位置。

9.4.5　删除爆炸图

【功能】：删除爆炸图。

【操作命令】：

● 菜单命令："装配"→"爆炸图"→"删除爆炸图"。

● 工具条："爆炸图"→"删除爆炸图"按钮。

【操作说明】：执行上述命令后，打开如图 9-16 所示的"爆炸图"对话框，选择需要删除的爆炸图，单击"确定"按钮，删除该爆炸图。

图 9-16　"爆炸图"对话框

提示：　(1) 能删除当前显示的爆炸图。

(2) 要切换到其他的爆炸图时，从如图 9-12 所示的爆炸视图下拉列表框中选择需要显示的爆炸视图。

9.4.6　隐藏组件

【功能】：隐藏爆炸图中的组件。

【操作命令】：

● 菜单命令："装配"→"爆炸图"→"隐藏组件"。

● 工具条："爆炸图"工具条→"隐藏组件"按钮。

【操作说明】：执行上述命令后，选择需要隐藏的组件，单击绘图区左上角弹出的工具条中的"确定"按钮 ✓，则在爆炸图中隐藏组件。

9.4.7　显示组件

【功能】：显示爆炸图中隐藏的组件。

【操作命令】：

● 菜单命令："装配"→" 爆炸图"→" 显示组件"。

● 工具条："爆炸图"→ "显示组件"按钮。

【操作说明】：执行上述命令后，打开"选择需要隐藏的组件"对话框，选择需要隐藏的组件后，单击"确定"按钮，所选组件重新在爆炸视图中显示。

提示：通过"装配"→"爆炸图"→"显示爆炸图"菜单命令或"装配"→"爆炸图"→"隐藏爆炸图"菜单命令可以显示或隐藏爆炸视图，操作过程与显示或隐藏组件的操作过程类似。

9.5 装配范例解析

9.5.1 球阀装配范例解析

本范例通过如图 9-17 所示的球阀介绍装配建模的方法。

1. 新建部件文件

启动 UG NX，选择"文件"→"新建"菜单命令，建立名为 qiufa.prt 的新部件文件，单位为 mm。单击"标准"工具条中"起始"按钮 起始·，在打开的下拉菜单中选择"装配"命令，进入装配应用模块。

2. 添加右阀体

单击"装配"工具条中的"添加组件"按钮 ，在打开的"添加组件"对话框中单击"打开"按钮，在打开的对话框中选择右阀体的部件文件 youfati.prt，在"添加组件"对话框"放置"栏中的"定位"下拉列表中选择"绝对原点"选项，单击"确定"按钮。

装配后的右阀体如图 9-18 所示。

图 9-17 球阀

图 9-18 添加右阀体

3. 添加密封圈

(1) 选择部件文件。在打开的"添加组件"对话框中单击"打开"按钮，在打开的对话框中选择密封圈的部件文件 mifengquan.prt，在"添加组件"对话框"放置"栏的"定位"下拉列表中选择"通过约束"选项，单击"应用"按钮。

(2) 定位密封圈。在"装配约束"对话框"类型"下拉列表中选择"接触对齐"，"方位"选择"接触"，选择如图 9-20 所示的密封圈的环形面 1，再选择如图 9-19 所示右阀体的环形面 2。然后在"方位"对话框中单击"自动判断中心/轴"按钮，依次选择如图 9-20 所示的密封圈的圆柱面 3 和如图 9-19 所示阀体的圆柱面 4，单击"确定" 按钮添加密封圈，结果如图 9-21 所示。

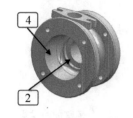

图 9-19 选择配对对象　　　图 9-20 选择配对对象　　　图 9-21 添加密封圈

4. 添加阀芯

(1) 选择部件文件。在打开的"添加组件"对话框中单击"打开"按钮，在打开的对话框中选择阀芯的部件文件 faxin.prt，在"添加组件"对话框"放置"栏的"定位"下拉列表中选择"通过约束"选项，单击"确定"按钮。

(2) 定位阀芯。在"装配约束"对话框"类型"下拉列表中选择"接触对齐"，"方位"选择"接触"，依次选择如图 9-22 所示的阀芯的球面 1 和密封圈的球面 2。连续两次单击"确定"按钮添加阀芯，结果如图 9-23 所示。

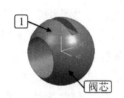

图 9-22 选择配对对象　　　　　　　图 9-23 添加阀芯

5. 添加密封圈

(1) 选择部件文件。在打开的"添加组件"对话框中单击"打开"按钮，在打开的对话框中选择密封圈的部件文件 mifengquan.prt，在"添加组件"对话框"放置"栏的"定位"下拉列表中选择"装配约束"选项，单击"确定"按钮。

(2) 定位密封圈。在"装配约束"对话框 "类型"下拉列表中选择"接触对齐"，"方位"选择"接触"，选择如图 9-24 所示的密封圈的球面 1，随后选择右阀体的球面 2，单击"预览"按钮，将视图进行旋转，预览结果如图 9-25 所示，必要时单击"配对条件"对话框中的"备选解"按钮，将密封圈的方向反转，如图 9-26 所示。连续两次单击"确定"按钮添加密封圈，结果如图 9-27 所示。

6. 添加左阀体

(1) 选择部件文件。在打开的"添加组件"对话框中单击"打开"按钮，在打开的对话框中选择左阀体的部件文件 zuofati.prt，在"添加组件"对话框"放置"栏的"定位"下拉列表中选择"装配约束"选项，单击"确定"按钮。

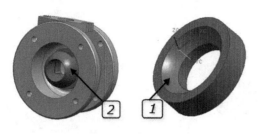

图 9-24　选择配对对象　　　　　　　图 9-25　预览配对结果

图 9-26　反转密封圈方向　　　　　　图 9-27　添加密封圈

（2）定位左阀体。在"装配约束"对话框"类型"下拉列表中选择"接触对齐"，"方位"选择"接触"，选择如图 9-28 所示的左阀体的端面 1，随后选择右阀体的端面 2。然后在"方位"对话框中单击"自动判断中心/轴"按钮，依次选择如图 9-28 所示的左阀体的圆柱面 3 和右阀体的圆柱面 4；再次单击"自动判断中心/轴"图标按钮，依次选择如图 9-28 所示的左阀体上的圆孔的圆柱面 5 和右阀体上的圆孔的圆柱面 6。连续两次单击"确定"按钮添加左阀体，结果如图 9-29 所示。

图 9-28　选择配对对象　　　　　　　图 9-29　添加左阀体

7. 添加阀杆

（1）隐藏左阀体和右阀体。在绘图区右侧单击"装配导航器"图标按钮，在打开的装配导航器中依次单击 geometry_zuofati 和 geometry_youfati 前的☑，则左阀体和右阀体被隐藏，结果如图 9-30 所示。

（2）选择部件文件。单击"装配"工具条中的"添加组件"按钮 ，在打开的"添加组件"对话框中单击"打开"按钮，在打开的对话框中选择阀杆的部件文件 fagan.prt，在"添加组件"对话框"放置"栏的"定位"下拉列表中选择"通过约束"选项，单击"确定"按钮。

(3) 定位阀杆。在"装配约束"对话框"类型"下拉列表中选择"接触对齐"，"方位"选择"接触"，选择如图 9-31 所示的阀杆凸头的平面 1、阀芯矩形槽的侧面 2，单击"应用"按钮；选择阀杆凸头的平面 3，阀芯矩形槽的侧面 4，单击"应用"按钮；再选择如图 9-32 所示的阀杆凸头的平面 1，随后阀芯矩形槽的底面 2，单击"应用"按钮；然后在"方位"对话框中单击"自动判断中心/轴"按钮，依次选择如图 9-32 所示的阀杆的圆柱面 3 和阀芯的圆弧线 4。连续两次单击"确定"按钮添加阀杆，结果如图 9-33 所示。

(4) 重新显示左、右阀体。在打开的装配导航器中依次单击 geometry_zuofati 和 geometry_youfati 前的复选框，将左阀体和右阀体重新显示。结果如图 9-34 所示。

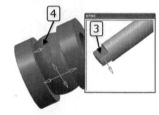

图 9-30　隐藏左、右阀体　　　　　　　图 9-31　选择第一组定位对象

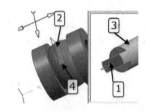

图 9-32　选择第二组定位对象　　　　　图 9-33　添加阀杆

(5) 添加"中心"配对条件。必要时，在"装配约束"对话框中"类型"下拉列表中选择"接触对齐"，"方位"选择"自动判断中心/轴"，依次选择如图 9-35 所示的阀杆的圆柱面 1 和右阀体的圆孔的圆柱面 2，连续两次单击"确定"按钮添加阀杆，如图 9-36 所示。

8. 添加填料

(1) 选择部件文件。单击"装配"工具条中的"添加组件"按钮，在打开的"添加组件"对话框中单击"打开"按钮，在打开的对话框中选择填料的部件文件 tianliao.prt，在"添加组件"对话框"放置"栏的"定位"下拉列表中选择"通过约束"选项，单击"确定"按钮。

图 9-34　重新显示左、右阀体　　　图 9-35　添加"中心"配对条件　　　图 9-36　添加阀杆

(2) 定位填料。在"装配约束"对话框"类型"下拉列表中选择"接触对齐"，"方位"选择"接触"，依次选择如图 9-37(a)所示的填料的锥面 1 和右阀体孔内的锥面 2，单击"应用"按钮；然后在"方位"对话框中单击"自动判断中心/轴"按钮，依次选择如图 9-37(a)所示的填料的圆柱面 3 和阀杆的圆柱面 4。连续两次单击"确定"按钮添加填料，结果如图 9-37(b)所示。

(a) 选择配对对象

(b) 添加填料

图 9-37　定位填料

9. 添加填料压盖

(1) 选择部件文件。单击"装配"工具条中的"添加组件"按钮，在打开的"添加组件"对话框中单击"打开"按钮，在打开的对话框中选择填料压盖的部件文件 tianliaoyagai.prt，在"添加组件"对话框"放置"栏的"定位"下拉列表中选择"通过约束"选项，单击"确定"按钮。

(2) 定位填料压盖。在"装配约束"对话框"类型"下拉列表中选择"接触对齐"，"方位"选择"接触"，依次选择如图 9-38 所示的填料压盖的端面 1 和填料的上端面 2，单击"应用"按钮；然后在"方位"对话框中单击"自动判断中心/轴"按钮，依次选择如图 9-38 所示的填料压盖的圆柱面 3 和阀杆的圆柱面 4。必要时在"装配约束"对话框"类型"下拉列表中选择"平行"，依次选择如图 9-38 所示的填料压盖上的圆孔的圆柱面 5 和右阀体的 U 型键槽的圆柱面 6。连续两次单击"确定"按钮添加填料压盖，结果如图 9-39 所示。

图 9-38　选择配对对象

图 9-39　添加填料压盖

10. 添加手柄

(1) 选择部件文件。单击"装配"工具条中的"添加组件"按钮，在打开的"添加组件"对话框中单击"打开"按钮，在打开的对话框中选择手柄的部件文件 shoubing.prt，在"添加组件"对话框"放置"栏的"定位"下拉列表中选择"通过约束"选项，单击"确定"按钮。

(2) 定位手柄。在"装配约束"对话框"类型"下拉列表中选择"接触对齐","方位"选择"接触",依次选择如图 9-40 所示的手柄矩形孔的内壁 1 和阀杆的表面 2,单击"应用"按钮;单击"配对"按钮▣,依次选择如图 9-40 所示的手柄矩形孔的内壁 3 和阀杆的表面 4;在"方位"对话框中单击"对齐"按钮▣,依次选择如图 9-40 所示的手柄端部的上表面 5 和阀杆的上表面 6。连续两次单击"确定" 按钮添加手柄,结果如图 9-41 所示。

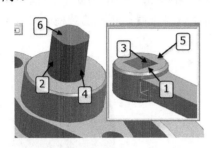

图 9-40　选择配对对象　　　　　　　　图 9-41　添加手柄

11. 添加螺钉

(1) 选择部件文件。单击"装配"工具条中的"添加组件"按钮,在打开的"添加组件"对话框中单击"打开"按钮,在打开的对话框中选择螺钉的部件文件 standard_M10_30.prt,在"添加组件"对话框"放置"栏的"定位"下拉列表中选择"通过约束"选项,单击"确定"按钮。

(2) 定位螺钉。在"装配约束"对话框"类型"下拉列表中选择"接触对齐","方位"选择"接触",依次选择如图 9-42 所示的螺钉的环面 1 和左阀体的法兰表面 2,单击"应用"按钮;然后在"方位"对话框中单击"自动判断中心/轴"按钮,依次选择如图 9-42 所示的螺钉的圆柱面 3 和左阀体法兰上圆孔的圆柱面 4。连续两次单击"确定" 按钮添加螺钉,结果如图 9-43 所示。

12. 阵列螺钉

单击"装配"工具条中的"创建组件阵列"按钮,选择上述添加的螺钉,单击绘图区左上角弹出的工具条中的"确定"按钮,在打开的对话框中选择"从阵列特征"单选按钮,单击"确定"按钮将螺钉进行阵列,如图 9-44 所示。

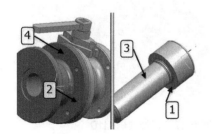

图 9-42　选择配对对象　　　图 9-43　添加螺钉 M10_30　　　图 9-44　阵列螺钉 M10_30

13. 添加螺钉

(1) 选择部件文件。单击"装配"工具条中的"添加组件"按钮,在打开的"添加组件"对话框中单击"打开"按钮，在打开的对话框中选择螺钉的部件文件 standard_M10_45.prt，在"添加组件"对话框"放置"栏的"定位"下拉列表中选择"通过约束"选项，单击"确定"按钮。

(2) 定位螺钉。在"装配约束"对话框中"类型"下拉列表中选择"接触对齐"，"方位"选择"接触"，依次选择如图 9-45(a)所示的螺钉的环面 1 和右阀体的垫块的下表面 2，单击"应用"按钮；然后在"方位"对话框中单击"自动判断中心/轴"按钮，依次选择如图 9-45(b)所示的螺钉的圆柱面 3 和右阀体填料压盖的圆孔的圆柱面 4。连续两次单击"确定"按钮添加螺钉，结果如图 9-45(b)所示。

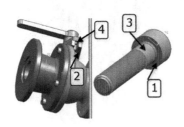

(a) 选择配对对象　　　　　　　　　　　　　(b) 添加螺钉 M10_45

图 9-45　定位螺钉

14. 添加螺母

(1) 选择部件文件。单击"装配"工具条中的"添加组件"按钮，在打开的"添加组件"对话框中单击"打开"按钮，在打开的对话框中选择螺母的部件文件 standard_net_M10.prt，在"添加组件"对话框"放置"栏的"定位"下拉列表中选择"通过约束"选项，单击"确定"按钮。

(2) 定位螺母。在"装配约束"对话框"类型"下拉列表中选择"接触对齐"，"方位"选择"接触"，依次选择如图 9-46 所示的螺母的环面 1 和填料压盖的上表面 2，单击"应用"按钮；然后在"方位"对话框中单击"自动判断中心/轴"按钮，依次选择如图 9-46 所示的螺母的圆孔的圆柱面 3 和螺钉的圆柱面 4。连续两次单击"确定" 按钮添加螺母，结果如图 9-47 所示。

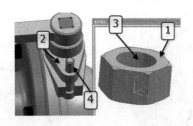

图 9-46　选择配对对象　　　　　　　　图 9-47　添加螺母 M10

15. 线性阵列螺钉、螺母

单击"装配"工具条中的"创建组件阵列"按钮，打开"创建组件阵列"对话框，单击"阵列定义"栏的"线性"按钮，在绘图区选择上述添加的螺钉，在随后打开的"创建线性阵列"对话框中单击"方向定义"栏的"边缘"按钮,然后分别定义如图所示的 X 向对象和 Y 向对象,并且设置阵列参数,如图 9-48 所示。最后单击"确定"按钮,阵列结果如图 9-49 所示。

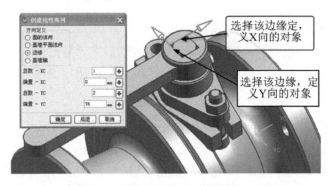

图 9-48 定义 X、Y 对象和设置线性阵列参数

利用上述同样的方法,再线性阵列螺母,阵列结果如图 9-50 所示。

图 9-49 线性阵列螺钉

图 9-50 线性阵列螺母

16. 保存文件

选择"文件"→"关闭"→"保存并关闭"菜单文件,保存并关闭部件文件。

9.5.2 球阀装配爆炸视图创建范例

本范例通过如图 9-51 所示的球阀爆炸视图介绍装配爆炸视图的创建和编辑的方法。

图 9-51 球阀装配爆炸视图

1. 打开部件文件

选择"文件"→"打开"菜单命令，打开球阀装配图文件，并进入装配应用模块。

2. 创建爆炸图

单击"装配"工具条中的"爆炸图"按钮，然后在"爆炸图"工具条中单击"创建爆炸图"按钮，在随后打开的对话框中单击"确定"按钮，创建爆炸图。该爆炸图的名称默认为 Explosion 1。

3. 编辑爆炸图

单击"爆炸视图"工具条中的"编辑爆炸图"图标按钮，将爆炸视图进行如下编辑。

(1) 移动左阀体上的螺钉。在"编辑爆炸图"对话框中选择"选择对象"单选按钮，依次选择左阀体上的 4 个螺钉。然后选择"移动对象"单选按钮，将光标置于显示的手柄的 Y 轴手柄上等待片刻(手柄和平移标志如图 9-52 所示)，当显示平移标志后选择该平移手柄，在"距离"文本框中输入-150，从而使所选对象沿 Y 轴进行负向平移。单击"应用"按钮将 4 个螺钉平移，如图 9-53 所示。

(2) 移动左阀体。单击"选择对象"按钮，选择左阀体。然后选择"移动对象"单选按钮，用上述方法选择 Y 轴平移手柄，在"距离"文本框中输入-100，从而使所选对象沿 Y 轴进行负向平移。单击"应用"按钮将左阀体平移，如图 9-54 所示。

提示： 在移动左阀体时，由于没有取消螺钉的选择，因此螺钉和左阀体一同沿 Y 轴的负向移动 100mm。

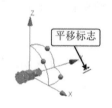

图 9-52　手柄和平移标志图

图 9-53　平移螺钉

图 9-54　平移左阀体

(3) 移动左侧密封圈。在"编辑爆炸图"对话框中选择"选择对象"单选按钮，选择左侧密封圈。然后选择"移动对象"单选按钮，用上述方法选择 Y 轴平移手柄，在"距离"文本框中输入-40，从而使所选对象沿 Y 轴进行负向平移。单击"应用"按钮将左侧密封圈平移，如图 9-55 所示。

(4) 移动右阀体。在"编辑爆炸图"对话框中选择"选择对象"单选按钮，按住 Shift 键选择上述移动的螺钉、左阀体、左侧的密封圈，则取消这些对象的选择。松开 Shift 键，依次选择右阀体。然后选择"移动对象"单选按钮，将光标置于显示的手柄的 Y 轴手柄上等待片刻，当显示平移标志后选择该平移手柄，在"距离"文本框中输入 100，从而使所选对象沿 Y 轴进行正向平移。单击"应用"按钮将右阀体平移，如图 9-56 所示。

图 9-55　平移左侧密封圈　　　　　　　图 9-56　平移右阀体

(5) 移动右侧密封圈。单击"选择对象"按钮，选择右侧密封圈。然后选择"移动对象"单选按钮，用上述方法选择 Y 轴平移手柄，在"距离"文本框中输入 40，从而使所选对象沿 Y 轴进行正向平移。单击"应用"按钮将右侧密封圈平移，如图 9-57 所示。

图 9-57　平移右侧密封圈

(6) 移动手柄。单击"选择对象"单选按钮，按住 Shift 键选择上述移动的右阀体、右侧的密封圈，则取消这些对象的选择。松开 Shift 键，选择手柄。然后选择"移动对象"单选按钮，用上述方法选择 Z 轴移动手柄，在"距离"文本框中输入25，从而使所选对象沿 Z 轴进行平移。单击"应用"按钮，将手柄沿 Z 轴正向移动 25mm，如图 9-58 所示。

(7) 移动螺母。单击"选择对象"单选按钮，依次选择两个螺母。然后选择"移动对象"单选按钮，用上述方法选择 Z 轴平移手柄，在"距离"文本框中输入 10，从而使所选对象沿 Z 轴进行平移。单击"应用"按钮将两个螺母沿 Z 轴正向移动 10mm，如图 9-59 所示。

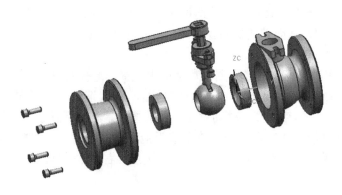

图 9-58　平移手柄

图 9-59　移动螺母

(8) 移动填料压盖。单击"选择对象"单选按钮，选择填料压盖。然后选择"移动对象"单选按钮，用上述同样方法选择 Z 轴平移手柄，在"距离"文本框中输入 65，从而使所选对象沿 Z 轴进行平移。单击"应用"按钮，将填料压盖沿 Z 轴正向移动 65mm，如图 9-60 所示。

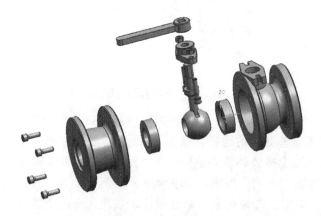

图 9-60　移动填料压盖

(9) 移动螺钉和阀杆。单击"选择对象"单选按钮，依次选择螺钉和阀杆。然后选择"移动对象"单选按钮，用上述方法选择 Z 轴平移手柄，在"距离"文本框中输入 40，从而使所选对象沿 Z 轴进行平移。单击"应用"按钮，将螺钉和阀杆沿 Z 轴正向移动 40mm，如图 9-61 所示。

图 9-61　平移螺钉和螺杆

(10) 移动填料。单击"选择对象"单选按钮，按住 Shift 键选择上述移动的螺母、填料压盖、螺钉和螺杆，则取消这些对象的选择。松开 Shift 键，选择填料。然后选择"移动对象"按钮，用上述方法选择 Z 轴平移手柄，在"距离"文本框中输入-30，从而使所选对象沿 Z 轴进行平移。单击"应用"按钮将填料沿 Z 轴负向移动 30mm，如图 9-61 所示。

9.6　重新定位组件

在一个装配模型中，如果需要改变某个组件的位置，可通过单击以下两种方法实现。

- 菜单命令："装配"→"组件位置"→"移动组件"。
- 工具条："装配"→"移动组件"按钮。

执行上述命令后，打开"类选择"对话框，在窗口选择要移动的部件后，单击"确定"按钮，打开如图 9-62 所示的"重定位组件"对话框，在对话框的"变换"选项卡中可以通过以下方式移动组件。

图 9-62　"重定位组件"对话框

- （点到点）：将选定组件移动到指定点。
- 增量 XYZ （增量）：将选定组件沿给定柄坐标轴方向平移指定的距离。
- （角度）：将选定组件绕指定直线旋转一定角度。
- （重定位）：将选定组件从当前位置和方位移动到指定的位置和坐标系。
- （在轴之间旋转）：将选定组件从指定的第一条轴线方向旋转至第二条轴线方向。
- （根据三点旋转）：将选定组件已指定的第一个点为中心，从第二个指定点旋转到第三个指定点。

"重定位组件"对话框的其他选项说明如下。

● 移动方式：若选择"移动对象"单选按钮，则移动选定对象和拖动柄；若选择"只移动手柄"单选按钮，则仅移动手柄，而不移动组件。

● 碰撞动作：在"碰撞"动作下拉列表框中可选择 3 种选项。

若选择"无"选项，则不检查对象的碰撞；若选择"高亮显示碰撞"选项，则发生碰撞时高亮显示碰撞对象；若选择"在碰撞前停止"选项，则在发生碰撞前停止移动，此时单击"接受碰撞"按钮，则继续移动，越过发生碰撞的位置。

提示： 只能在组件没有配对约束的方向进行重定位操作，否则不能重定位该组件。
可在绘图区中选择平移或旋转手柄，然后在"重定位组件"对话框中设置相应的平移距离或旋转角度。平移和旋转手柄如图 9-63 所示。

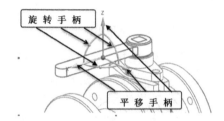

图 9-63　拖动手柄

下面通过球阀组建的重定位介绍重定位组件的操作过程。

1. 打开文件

在"标准"工具条中单击"打开"按钮，打开球阀装配图部件文件，然后进入装配应用模块。

2. 重新定位螺母

选择"装配"→"组件"→"重定位组件"菜单命令，或单击"装配"工具条中的"重定位组件"按钮，选择如图 9-64 所示的螺母，单击绘图区右上角弹出的工具条中的"确定"按钮 ✓，打开"重定位组件"对话框。

在打开的"重定位组件"对话框的"变换"选项卡中单击"绕直线旋转"按钮，然后选择如图 9-64 所示的螺钉端面圆心，在随后打开的"矢量构造器"对话框中单击 ZC 轴，然后在"重定位组件"对话框的"角度"文本框中设置角度为 30，单击"确定"按钮旋转螺母，得到的模型如图 9-65 所示。

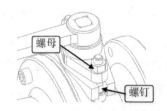

图 9-64　选择螺母和旋转轴线原点

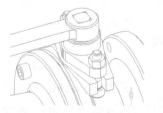

图 9-65　旋转螺母

3. 重新定位手柄

(1) 取消手柄的配对约束。选择如图 9-66 所示的手柄，单击鼠标右键，在弹出的快捷菜单中选择"装配约束"命令，在打开的如图 9-67 所示的"装配约束"对话框中，单击"删除所有的配对条件"按钮，在打开的对话框中单击"确定"按钮，在随后打开的对话框中单击"取消"按钮。

图 9-66　选择手柄　　　　　　　　图 9-67　"装配约束"对话框

(2) 重定位手柄。在绘图区中选择手柄，单击鼠标右键，在弹出的快件菜单中选择"移动"命令，在打开的"移动组件"对话框中单击"动态"按钮，在绘图区单击 Z 轴，在如图 9-68(a)所示的文本框中设置移动距离为 20mm，单击"确定"按钮关闭对话框并平移手柄，得到的模型如图 9-68(b)所示。

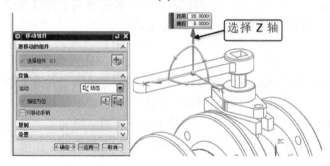

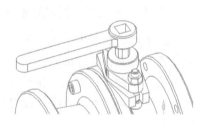

(a)　选择移动方向　　　　　　　　　　　(b)　重定位手柄

图 9-68　定位手柄

9.7　装　配　顺　序

UG NX 提供的装配顺序功能使用户能够控制一个装配模型的装配和拆卸次序，并可以创建动画以模拟组建的拆装和安装顺序。

选择"装配"→"顺序"菜单命令，或单击"装配"工具条中的"装配序列"按钮，可进入装配顺序任务环境。单击"创建新序列"按钮，显示如图 9-69 和图 9-70 所示的工具条。

图 9-69　"装配序列和序列工具"工具条

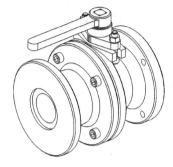

图9-70 "序列回放"工具条

9.7.1 球阀安装顺序创建范例

安装顺序可用于表达各个组件的装配过程。本节通过如图 9-71 所示的球阀介绍安装顺序的创建过程，具体步骤如下。

1. 打开部件文件

打开已创建的球阀装配图部件文件，然后进入装配应用模块。

图9-71 球阀

2. 创建新序列

单击"装配"工具条中的"装配序列"按钮，进入装配顺序任务环境。然后单击"装配序列"工具条中的"创建新序列"按钮，创建新序列，此时在该按钮的右侧的下拉列表框中显示了新序列名称"序列_1"。在资源条中单击"序列导航器"按钮，可打开序列导航器，如图 9-72 所示。序列导航器显示了所有的装配序列，以及每个装配序列的拆装次序和动画等信息。利用序列导航器，可完成创建装配顺序的大部分工作。

3. 设置所有组件为未处理状态

在序列导航器中单击"预装"文件夹左侧的符号，展开该文件夹。选择该文件夹下的第一项，然后按住 Shift 键选择该文件夹的最后一项，则该文件夹内的所有组件被选中。单击鼠标右键，在弹出的快件菜单中选择"移除"选项，则在序列导航器中增加了"未处理的"文件夹，所选的组件被移动到该文件夹中，如图 9-73 所示。此时，绘图区中所有组件消失。

图9-72 序列导航器

图9-73 设置所有组件为未处理状态

4. 创建装配次序

在序列导航器的"未处理的"文件夹中选择组件 geometry_faxin(阀芯)，单击鼠标右键，在弹出的快件菜单中选择"装配"命令，或选择该组件后单击"序列工具" 工具条中的"装配"按钮，在序列导航器中可以看到该组件被添加到"预装"文件夹中，并显示了该装配步的信息，其中，符号 表示该步已经完成回放(此时阀芯已显示在绘图区中)；符号 表示该步为下一个安装步。该组件右侧的 10 步为该步的时间，默认为 10 个单位。

5. 添加成组安装步

在序列导航器的"未处理的"文件夹中同时选择两个组件 geometry_mifengquan(密封圈)，单击鼠标右键，在弹出的快件菜单中选择"一起装配"命令，或单击"序列工具"工具条中的"一起装配"按钮，则所选的两个密封圈作为一个组同时装配在球阀的装配模型中。在序列导航器"预装"文件夹中增加"序列组 1"安装步，此时绘图区的球阀模型如图 9-74 所示。

6. 安装其他组件

首先采用第 4 步所述的方法，依次安装 geometry_zuofati(左阀体)、geometry_youfati(右阀体)、geometry_fagan(阀杆)、geometry_tianliao(填料)、geometry_tianliaoyagai(填料压盖)和 geometry_shoubing(手柄)。

然后利用第 5 步所述的方法，依次将 4 个螺钉 standard_M10_30、两个螺钉 standard_M10_45 和两个螺母 standard_net_M10 作为序列组进行安装，完成球阀的安装序列。打开序列导航器，可观察到如图 9-75 所示的内容。

图 9-74　球阀模型

图 9-75　完成安装序列后的序列导航器

7. 装配顺序回放

建立装配顺序后，可通过如图 9-70 所示的"装配次序回放"工具条进行回放。"装配次序回放"工具条各按钮的说明如下。

- (倒回到开始)：返回第一步。

- <u>|◀</u> (前一帧)：返回上一步。
- <u>◀</u> (向后回放)：反向回放装配顺序。
- <u>▶</u> (向前回放)：向前回放装配顺序。单击该按钮，可观察上述创建的球阀的安装顺序。
- <u>▶|</u> (下一帧)：向前回放一步。
- <u>▶▶</u> (快速前进至结束)：直接转到装配顺序的最后一步。
- <u>3 ▼</u>：用于设置回放速度，取值范围为 1～10，10 为最快。

8．退出装配顺序任务环境

从"任务"菜单中选择"完成序列"命令，退出装配顺序任务环境。

9.7.2　球阀拆卸顺序创建范例

拆卸顺序可用于模拟设备的拆卸过程。本节通过球阀拆卸介绍创建拆卸顺序的方法。

1．打开部件文件

打开已创建的球阀装配图部件文件，然后进入装配应用模块。

2．创建新序列

单击"装配"工具条中的"装配序列"按钮，进入装配顺序任务环境。然后单击如图 9-69 所示的"装配序列"工具条中的"创建新序列"按钮，创建新序列。

3．添加成组拆卸步

在序列导航器中打开"预装"文件夹，按住 Ctrl 键依次选择 4 个螺钉 standard_M10_30，单击鼠标右键，在弹出的快捷菜单中选择"一起拆卸"选项，或选择 4 个螺钉后单击"序列工具"工具条中的"一起拆卸"按钮，则所选的 4 个螺钉作为一个组，同时从球阀的装配模型中拆除。此时，在序列导航器的"预装"文件夹中增加了"序列组 1"拆卸步。

利用上述同样的方法，分别为两个螺钉 standard_M10_45 和两个螺母 standard_net_M10 创建成组拆卸步。

4．为其他组件创建成组拆卸步

在序列导航器的"预装"文件夹中选择 geometry_shoubing(手柄)，单击鼠标右键，在弹出的快捷菜单中选择"拆卸"选项，或选择组件后单击"序列工具"工具条中的"拆卸"按钮，为手柄创建成组拆卸步。

利用上述同样的方法，分别为剩余的其他组件创建拆卸步，完成球阀拆卸顺序的创建。可利用如图 9-70 所示的"装配次序回放"工具条观察球阀的拆卸过程。

习　题

创建钳体装配模型，各零件图如下。

钳体装配图

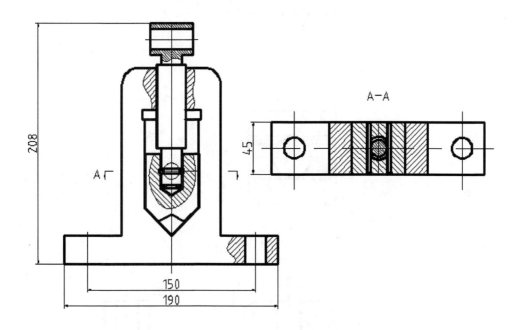

A—A

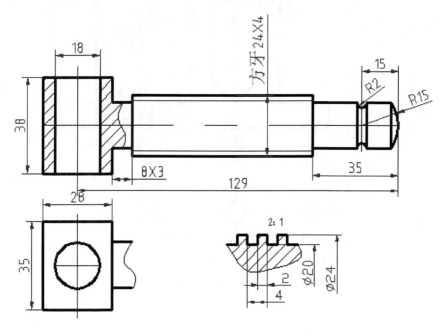

滑杆

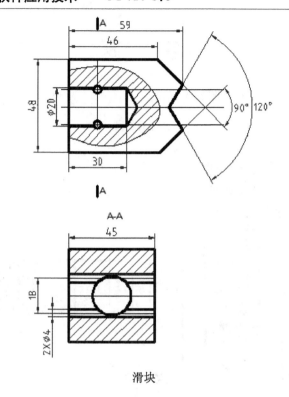

滑块

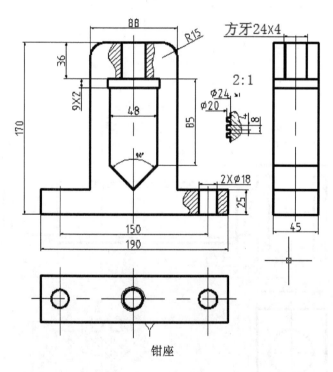

钳座

第 10 章　视图的创建和参数设置

本章要点

- 掌握 UG NX 工程制图的一般步骤。
- 掌握工程图的图纸管理。
- 掌握制图参数的设置方法。
- 掌握视图的创建方法。

技能要求

- 具备合理设置制图参数的能力。
- 具备创建基本视图的能力。
- 具备创建斜视图的能力。
- 具备创建局部放大图的能力。
- 具备创建断开视图的能力。

本章概述

本章主要介绍 UG 工程制图模块的基本应用，包括视图参数设置、图纸布局，以及基本视图、斜视图、断开视图、局部放大图的创建方法等。

10.1　UG NX 工程制图概述

UG NX 制图用于由建模应用模块中创建的三维实体生成二维工程图。在制图应用模块中建立的视图与三维模型完全相关，对模型做的任何改变自动地反映在工程图中。利用这种相关性，可随时按需要对模型做改变。

对于任意实体模型，可以采用不同的投影方法、不同的图幅尺寸和不同的视图比例创建基本视图、局部放大图、剖视图等各种视图，可以对视图进行各种标注，添加文字说明、标题栏和明细栏等内容。

应用 NX 工程制图的一般步骤如下。

(1) 启动 UG NX，打开实体模型的部件文件。

(2) 单击"标准"工具条中的"开始"按钮 🔧 开始▾，在打开的下拉菜单中选择"制图"命令，进入制图应用模块。

(3) 必要时编辑当前图纸的图幅、比例、单位和投影角等，以满足制图需要。

(4) 添加基本视图、局部放大图、剖视图等视图。

(5) 调整视图布局。

(6) 必要时调整有关视图参数设置。

(7) 进行必要的视图相关编辑。

(8) 进行图纸标注，包括添加尺寸、表面粗糙度、文字注释和标题栏等内容。

(9) 保存并关闭部件文件。

10.2 图 纸 管 理

图纸管理包括新建图纸、打开已存图纸、删除图纸和编辑图纸。图纸管理可以通过"编辑"和"图纸"工具条中的有关选项来实现。"图纸"工具条如图 10-1 所示。

图 10-1 "图纸"工具条

10.2.1 新建图纸

【功能】：建立新的图纸。

【操作命令】：

● 菜单命令："插入"→"图纸页"。

● 工具条："图纸"工具条→"新建图纸页"按钮。

【操作说明】：在第一次进入制图应用模块或执行上述命令后，打开如图 10-2 所示的"图纸页"对话框，在"图纸页名称"文本框中输入图纸名称，在"大小"栏中首先选中"标准尺寸"单选按钮，然后根据所创建的图形尺寸选择合适的图纸幅面；在"比例"下拉列表框中设置绘图比例；"单位"选择"毫米"；"投影"默认为第一象限角投影，最后单击"确定"按钮建立新图纸。

图 10-2 "图纸页"对话框

10.2.2　打开图纸

【功能】：打开已存的图纸。

【操作命令】：

工具条："图纸"工具条→"打开图纸页"按钮。

【操作说明】：执行上述命令后，打开如图 10-3 所示的"打开图纸页"对话框，除当前正在工作的图纸页外，所有已保存的图纸都显示在列表框中。从列表框中选择需要打开的图纸，单击"确定"按钮打开该图纸。

图 10-3　"打开图纸页"对话框

10.2.3　删除图纸

【功能】：删除已存在的图纸。

【操作命令】：

菜单命令："编辑"→"删除"。

【操作说明】：执行上述命令后，打开如图 10-4 所示的"类选择"对话框，从绘图区选择需要删除的图纸，单击"确定"按钮删除该图纸。

10.2.4　编辑图纸

【功能】：编辑已存在的图纸。

【操作命令】：

● 菜单命令："编辑"→"图纸页"。

● 工具条："制图编辑"工具条→"编辑图纸页"按钮。

【操作说明】：执行上述命令后，打开"编辑图纸"对话

图 10-4　"类选择"对话框

框，该对话框的内容与如图 10-2 所示的"图纸页"对话框的内容相同。从列表框中选择需要编辑的图纸，则可对图纸的幅面、绘图比例等参数进行修改。修改完成后，单击"确定"按钮，关闭对话框并保存对图纸的修改。

10.3　制图参数设置

10.3.1　设置视图边界和视图背景

1. 设置视图边界的显示

在默认情况下，当视图添加到图纸中后，不会在视图的周围显示边界，选择"首选项"→"制图"菜单命令，在打开的"制图首选项"对话框中选择"视图"选项卡，在"边界"栏中选中"显示边界"复选框，单击"确定"按钮关闭对话框，则图纸中添加的视图显示边界。

2. 设置视图背景

视图背景默认为灰色，可根据自己的习惯进行设置。选择"首选项"→"可视化"菜单命令或单击"可视化"工具条中的"可视化首选项"按钮 ，打开"可视化首选项"对话框，选择"颜色/字体"选项卡，在"图纸部件设置"栏选中"单色显示"复选框，单击"背景"按钮，在打开的"颜色"对话框中选择某个颜色，单击"应用"按钮，即可设置所选颜色为视图背景颜色。

10.3.2　视图参数设置

UG NX 8.5 默认的制图选项基本符合中国国家制图标准，不需要进行相关设置。如果改变设置，可以选择"首选项"→"视图"菜单命令，打开如图 10-5 所示的"视图首选项"对话框，利用该对话框可以设置隐藏线、可见线、光顺边、虚拟交线、截面线和螺纹等对象的显示。

1. 视图显示设置的内容

- "隐藏线"选项卡：设置隐藏线(即不可见线)的颜色、线型和线宽等属性。
- "可见线"选项卡：设置可见线的颜色、线型和线宽等属性。
- "光顺边"选项卡：设置光顺边缘的颜色、线型和线宽等属性。
- "虚拟交线"选项卡：设置虚拟交线的颜色、线型和线宽等属性。
- "截面线"选项卡：设置剖视图的显示。
- "螺纹线"选项卡：设置螺纹的标准和螺距。

2. 隐藏线的设置

(1) 设置隐藏线的颜色。选择"隐藏线"选项卡，选中"隐藏线"复选框后将在视图中显示隐藏线。单击复选框下方的颜色按钮，打开"颜色"对话框。利用该对话框可设置隐藏线的颜色。

(2) 设置隐藏线线型。单击颜色按钮右侧的第一个下拉列表框，其选项如图 10-6 所示。若选择"不可见"选项，则隐藏线在视图中不可见。

(3) 设置隐藏线的宽度。单击颜色按钮右侧的第二个下拉列表框，可从中选择隐藏线的宽度，其选项如图 10-7 所示。

提示：　(1) 视图的参数设置仅对后续创建的视图起作用，已经创建但没有选中的视图的显示不发生变化。

(2) 可见线、光顺边、虚拟交线的颜色、线型和线宽的设置与隐藏线的设置方法相同。

(3) 只有在"常规"选项卡中选中"自动更新"复选框，视图才能够更新，模型的修改才能及时反映到图纸当中。

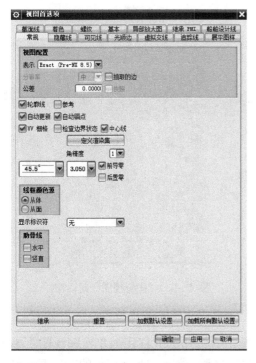

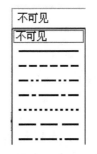

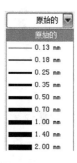

图 10-5　"视图首选项"对话框图　　图 10-6　隐藏线线型选项　　图 10-7　隐藏线线宽选项

10.4　视图的创建

视图用于表达零件的外部结构。常用的基本视图有主视图(前视图)、俯视图、左视图、仰视图、右视图和后视图；辅助视图有斜视图、断开视图和局部放大图等。另外，在 UG NX 中，还可以添加正等测图和正三轴测图两个轴测图。

建立图纸后，则可以通过如图 10-1 所示的"图纸"工具条中的有关选项进行添加视图、编辑视图和调整视图布局等操作。

10.4.1　基本视图的创建

1. 向图纸中添加视图

单击"图纸"工具条中的"基本视图"按钮 ，打开如图 10-8 所示的"基本视图"对话框。在该对话框的"要使用的模型视图"下拉列表框中选择视图的方向，此时在绘图区显示一个以光标为中心并随之移动的视图，将光标移动到合适的位置后，单击鼠标左键，则放置该视图。

定向视图工具 ：当现有的视图方向无法满足制图添加基本视图的要求时，可以使用定向视图工具自定义视图方位。

放置视图后，绘图区左上角弹出如图 10-9 所示的"投影视图"对话框，此时可以创建投影视图，其俯视图为刚才添加的视图。移动光标，可以创建任意角度的投影的投影视图。同样，单击鼠标左键，可以放置视图。可以创建多个投影视图。

图 10-8 "基本视图"对话框

图 10-9 "投影视图"对话框

2. 创建投影视图

当在图纸页中添加视图后，可以将其中的某个视图作为父视图创建投影视图。单击"图纸"工具条中的"投影视图"按钮，绘图区将显示如图 10-9 所示的对话框，单击该对话框中"父视图"栏下的"选择视图"按钮，选择已存在的某个视图作为父视图，然后就可以选择投影方向和位置创建投影视图。

10.4.2 斜视图的创建

当零件具有倾斜的结构时，需要采用斜视图进行表达。

创建如图 10-10 所示的箱体的斜视图的操作方法如下。

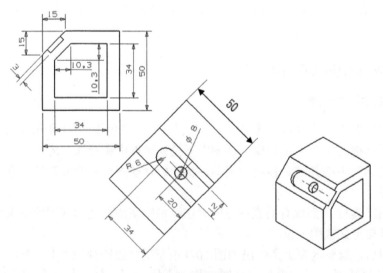

图 10-10 箱体

(1) 根据图纸创建箱体模型。

(2) 创建如图 10-11 所示的基本视图。

(3) 创建斜视图。单击"图纸"工具条中的"投影视图"按钮，打开如图 10-9 所示的对话框，单击该对话框中"父视图"栏下的"选择视图"按钮 ，选择已存在的某个视图作为父视图，此时将显示一个箭头表明投影方向。如果箭头不是图 10-11 中所示的方向，可选中"铰链线"栏中的"反转投影方向"复选框，改变其方向。最后移动光标到合适的位置，单击鼠标左键放置斜视图，如图 10-12 所示。

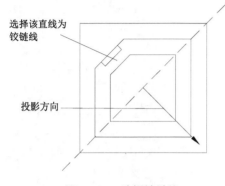

图 10-11　选择铰链线

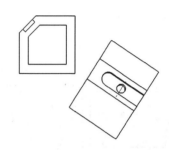

图 10-12　创建斜视图

提示：　创建斜视图时，在移动光标的过程中，当投影方向与倾斜部分结构的某条线垂直时，该直线会高亮显示，在此投影方向上创建投影视图，就得到需要的斜视图。

10.4.3　局部放大图的创建

对于零件中尺寸比较小的局部结构，可以采用局部放大图来表达。

选择"插入"→"视图"→"局部放大图"菜单命令，或单击"图纸"工具条中的"局部放大图"按钮 ，在绘图区左上角显示如图 10-13 所示的对话框。在该对话框的"类型"下拉列表框中选择"圆形""按拐角绘制矩形"或"按中心和拐角绘制矩形"边界形式，在视图中选择需要放大的部位，在"比例"下拉列表框中选择放大比例(默认视图比例为其父视图比例的两倍)，在"父项上的标签"栏的"标签"下拉列表框中选择视图中放大部位的标记形式，最后在合适的位置放置局部放大图。

图 10-13　"局部放大图"对话框

10.4.4　断开视图的创建

对于一些比较长的零件，在绘制时为了节约图纸空间，可以绘制断开视图，如图 10-14 所示。

选择"插入"→"视图"→"断开视图"菜单命令，或单击"图纸"工具条中的"断开视图"按钮 ，打开如图 10-15 所示的"断开视图"对话框。

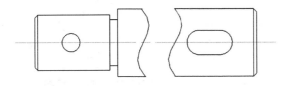

图 10-14 断开视图　　　　　图 10-15 "断开视图"对话框

根据窗口提示选择视图后，"断开视图"对话框中的"方向""断裂线 1""断裂线 2"栏被激活，在"方向"栏下可以确定视图投影方向；在绘图区分别指定目标点，确定"断裂线 1"和"断裂线 2"栏下的锚点，然后单击"确定"按钮完成绘制，则原来的视图就生成断开视图。

10.5 视图布局调整

10.5.1 移动/复制视图

【功能】：在当前的图纸中移动或复制视图，或者将视图复制到其他视图。

【操作命令】：

菜单命令："编辑"→"视图"→"移动/复制视图"。

【操作说明】：执行上述命令后，打开如图 10-16 所示的"移动/复制视图"对话框，从列表框或者直接在图纸上选择某个视图后，就可选择不同的移动方式移动或复制视图。

若选中"复制视图"复选框，则复制视图，否则为移动视图。可选择的移动方式如下。

- （至一点）：移动或复制选定的视图到指定点。
- （水平）：水平移动或复制选定的视图。
- （竖直）：竖直移动或复制选定的视图。
- （垂直于直线）：沿垂直于指定的直线移动或复制选定的视图。

● (至另一图纸)：将选定的视图移动或复制到另一图纸。

10.5.2　对齐视图

【功能】：调整图纸中视图的相对位置。

【操作命令】：

菜单命令："编辑"→"视图"→"对齐"。

【操作说明】：执行上述命令后，打开如图 10-17 所示的"对齐视图"对话框。利用该对话框，可以选择不同的方式和选项对齐视图。

图 10-16　"移动/复制视图"对话框　　　图 10-17　"视图对齐"对话框

1. 对齐视图的方式

● 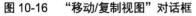(叠加)：将所选视图在水平和垂直两个方向对齐，使两个视图叠加在一起。
● (水平)：将所选视图在水平方向对齐。
● (竖直的)：将所选视图在竖直方向对齐。
● (垂直于直线)：将所选视图沿垂直于指定的直线方向对齐。
● (自动判断)：根据所选的视图自动推断对齐方式。

2. 对齐视图的操作步骤

(1) 选择对齐视图的选项。

(2) 根据对齐视图的选项，选择视图上的点或视图中心，然后分别选择固定视图和对齐视图。所选的第一个视图为固定视图，其余为对齐视图。

(3) 选择对齐方式后，对齐视图根据指定的对齐选项向固定视图对齐。

10.6　视图创建范例解析

10.6.1　支架的视图创建范例

本范例通过介绍如图 10-18 所示的支架的表达方法，重点介绍视图参数的设置方法。

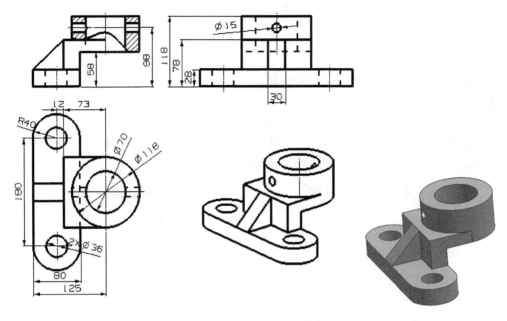

图 10-18　支架零件图及模型

1. 打开部件文件

打开支架的文件 zhijia.prt，然后进入制图应用模块。在打开的"图纸页"对话框中选择 A1 图纸幅面，单位为毫米，其余参数不变，单击"确定"按钮创建图纸页。

2. 设置视图参数

(1) 设置可见的线为粗实线。选择"首选项"→"视图"菜单命令，在打开的"视图首选项"对话框中选择"可见线"选项卡，首先单击颜色按钮右侧的第一个下拉列表框，选择隐藏线的线型为 ———— (实线)；然后单击颜色按钮右侧的第二个下拉列表框，选择隐藏线的线宽为 0.5mm，单击"确定"按钮关闭对话框。

(2) 设置不可见的线为虚线。在"视图首选项"对话框中选择"隐藏线"选项卡，首先单击颜色按钮右侧的下拉列表框，选择隐藏线的线型为 ------ (虚线)；然后单击颜色按钮右侧的第二个下拉列表框，选择隐藏线的线宽为 0.13mm，单击"确定"按钮关闭对话框。

3. 添加视图

单击"图纸"工具条中的"基本视图"按钮，打开"基本视图"对话框，在"模型视图"栏的"要使用的模型视图"下拉列表框中选择"右视图"选项，在合适的位置放置视图；然后水平向右移动光标，在合适的位置放置左视图；随后在主视图下方创建俯视图，得到的支架三视图如图 10-19 所示。

4. 保存文件

选择"文件"→"关闭"→"保存并关闭"菜单命令，保存并关闭部件文件。

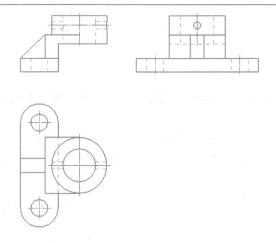

图 10-19　支架的三视图

10.6.2　传动轴断开视图创建范例

本范例通过如图 10-20 所示的传动轴介绍断开视图的创建方法。

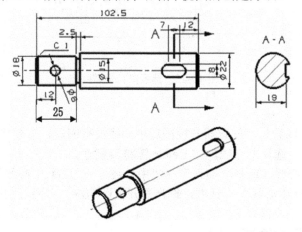

图 10-20　传动轴零件图

1. 创建并打开部件文件

打开传动轴的部件文件 chuandongzhou.prt，然后进入制图应用模块。单击"新建图纸页"按钮，在打开的"图纸页"对话框中选择 A4 图纸幅面，并选择第一象限投影角，单位为毫米，其余参数不变，单击"确定"按钮创建图纸页。

2. 设置视图参数

(1) 设置可见的线为粗实线。选择"首选项"→"视图"菜单命令，在打开的"视图首选项"对话框中选择"可见线"选项卡，首先单击颜色按钮右侧的下拉列表框，选择隐藏线的线型为 ▭（实线）；然后单击颜色按钮右侧的第二个下拉列表框，选择隐藏线的线宽为 0.5mm，单击"确定"按钮关闭对话框。

(2) 设置不可见的线为虚线。在"视图首选项"对话框中选择"隐藏线"选项卡，首先单击颜色按钮右侧的第一个下拉列表框，选择隐藏线的线型为 ┄┄（虚线）；然后单击颜色按钮右侧的第二个下拉列表框，选择隐藏线的线宽为 0.13mm，单击"确定"按钮关闭对话框。

3. 创建断开视图

(1) 创建基本视图。单击"图纸"工具条中的"基本视图"按钮，创建的基本视图如图 10-21 所示。

(2) 创建断开视图。在绘图区分别指定目标点，确定"断裂线 1"和"断裂线 2"栏下的锚点，分别如图 10-22 和图 10-23 所示。然后单击"确定"按钮完成绘制，则原来的视图就生成断开视图。

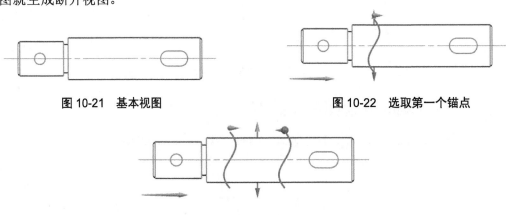

图 10-21　基本视图　　　　　　　　　图 10-22　选取第一个锚点

图 10-23　选取第二个锚点

4. 编辑中心线

从图 10-23 中可以看到，创建断开视图后中心线没有缩短，需要重新绘制。

(1) 删除中心线。选择中心线，按 Delete 键将其删除。

(2) 绘制新的中心线。选择"插入"→"中心线"→"2D 中心线"菜单命令，打开如图 10-24 所示的"2D 中心线"对话框，选择断开视图的左、右两端的两条竖直轮廓线，绘制如图 10-25 所示的中心线。

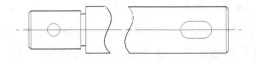

图 10-24　"2D 中心线"对话框　　　　图 10-25　绘制新中心线

5. 保存文件

选择"文件"→"关闭"→"保存并关闭"菜单命令，保存并关闭部件文件。

第 11 章　剖视图的创建和参数设置

本章要点

- 掌握剖视图参数的设置方法。
- 掌握剖视图的创建方法。

技能要求

- 具备合理设置剖视图参数的能力。
- 具备创建全剖视图的能力。
- 具备创建半剖视图的能力。
- 具备创建阶梯剖视图的能力。
- 具备创建旋转剖视图的能力。
- 具备创建局部剖视图的能力。

本章概述

本章介绍剖视图的创建和参数设置。

在工程图中，由于一些实体的构造非常复杂，需要建立剖视图才能够了解清楚其内部结构。

用一个假想的剖切平面，在适当的位置将零件切开，移去观察者和剖切平面之间的那部分物体，对留下物体画出视图，并给剖切到的部分标注剖面符号，这样得到的图形成为剖视图。

11.1　剖视图的参数设置

为使所创建的剖视图符合国家标准，在制图之前首先要进行参数设置，包括剖视图的显示和剖切符号等方面的参数设置。

11.1.1　剖视图显示参数的设置

选择"首选项"→"视图"菜单命令，在打开的如图 11-1 所示"视图首选项"对话框中打开"截面线"选项卡，关于剖视图显示的有关选项说明如下。

- 背景：用于设置是否显示背景。选中该复选框，显示剖切之后的元素，即该视图为剖视图；否则仅显示剖切断面的图形，即该视图为剖面图，如图 11-2 所示。
- 剖切片体：选中该复选框，则在剖视图中剖切薄壁零件。
- 剖面线：选中该复选框，则在视图中显示剖面线，否则不显示剖面线。
- 隐藏剖面线：选中该复选框，则在轴测剖视图中不可见部分的断面不绘制剖面线，否则显示剖面线。

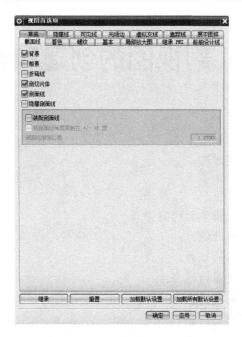

图 11-1　"视图首选项"对话框

- 装配剖面线：选中该复选框，则在装配剖视图中各相邻零部件的剖面线方向相反。通常绘制剖视图时，均选择上述选项。
- 背景：选中该复选框则显示到视图的背景，如图 11-2(a)所示，不选该复选框则不显示到视图背景，如图 11-2(b)所示。

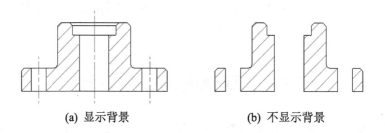

(a) 显示背景　　　　　　　　　　(b) 不显示背景

图 11-2　背景显示设置

11.1.2　剖切线显示参数的设置

剖切线显示参数的设置包括箭头的大小和位置、剖切符号的类型以及剖切标记等。

选择"首选项"→"截面线"菜单命令，打开如图 11-3 所示的"截面线首选项"对话框。利用该对话框可以进行如下设置。

1. 标签设置

选中"显示标签"复选框，则在剖切线的箭头附近显示标签；"字母"文本框用于输入需要显示的字母。

2. 箭头大小和位置的参数设置

根据对话框"图例"中的两个图，改变 A、B、C、D 和 E 各个文本框的参数，可以设置箭头的大小和位置。

3. 剖切符号的颜色和剖切线显示类型设置

在"设置"栏中，单击"标准"下拉列表框，用于设置剖切线的标准类型，按照国家标准应选择"GB 标准"选项。

单击"颜色"按钮，打开"颜色"对话框，利用该对话框可以设置剖切线和箭头的显示颜色。

"宽度"下拉列表框用于设置剖切线的宽度，一般选择默认 0.13mm。

11.1.3　标签设置

在默认情况下，创建的剖视图的标签格式为"A—A"。根据国标规定，应该取消字母前 SECTION 的显示。创建视图后，双击视图标签，打开如图 11-4 所示的"视图标签样式"对话框，将"前缀"文本框内的文本 SECTION 删除，单击"确定"按钮关闭对话框，则在创建的剖视图的标签中不再显示 SECTION。

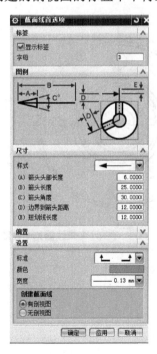

图 11-3　"截面线首选项"对话框

图 11-4　"视图标签样式"对话框

11.2　剖视图的创建

剖视图是制图中的重要表达方法，应根据零件的结构特点选择剖视图的类型，力求以最少的视图将零件表达清楚。

创建剖视图的一般步骤为：

选择父视图→指定剖切位置→指定投影方向(必要时通过"反向"按钮反转投影方向)→放置剖视图。本节通过具体的范例介绍各种剖视图的创建方法。

11.2.1　端盖全剖视图的创建

全剖视图为用一个单一剖切面剖开模型所建立的剖视图。本节以如图 11-5 所示的端盖为例介绍全剖视图的创建方法。

1. 打开端盖部件文件

打开以前所练习的第 6 章的端盖部件文件，然后进入制图应用模块。

2. 创建全剖视图

单击"图纸"工具条中的"剖视图"按钮 ，选择已有的视图为父视图，然后捕捉如图 11-6 所示的圆心确定剖切位置，即剖切平面经过中心孔的中心线。然后竖直向上移动光标至合适的位置，单击鼠标左键放置剖视图，最后双击剖视图上方的标签，去掉前缀，得到如图 11-7 所示的剖视图。

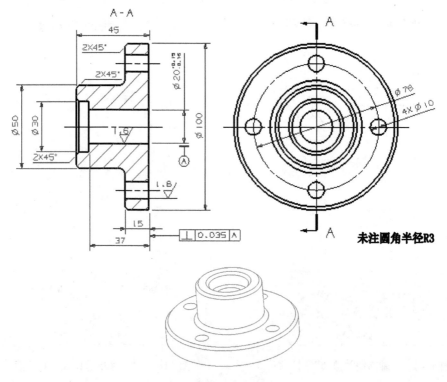

图 11-5　端盖

SECTION B-B

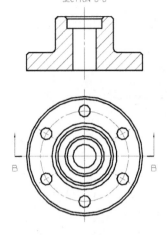

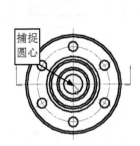

捕捉
圆心

图 11-6　指定剖切位置　　　　　　图 11-7　创建剖视图

11.2.2　安装座阶梯剖视图的创建

当模型内部结构比较复杂，无法用一个剖切平面剖切所有内部结构时，可以采用阶梯剖视图。阶梯剖视图的创建过程与全剖视图类似，所不同的地方是，阶梯剖视图需要定义多个互相平行的剖切平面和折弯位置。

下面以如图 11-8 所示的安装座为例介绍阶梯剖视图的创建方法。

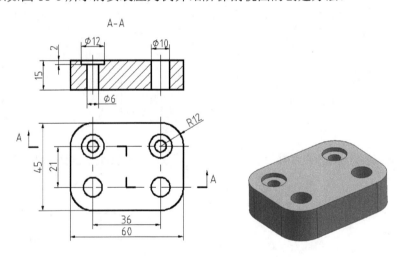

A-A

图 11-8　安装座零件图和模型

1. 创建并打开文件

打开已创建好的安装座部件文件，然后进入制图应用模块，并创建带有俯视图的图纸。

2. 选择父视图及投影方向

选择"插入"→"视图"→"截面"→"简单/阶梯剖"菜单命令，打开如图 11-9(a)所示的"剖视图"工具条，选择已有的视图为父视图，然后在打开的如图 11-9(b)所示的

"剖视图"工具条中单击"定义铰链线"按钮 ⌟，选择如图 11-10 所示的水平方向的边线定义铰链线。如果显示的箭头不是图中的方向，单击"矢量反向"按钮 ⌟ 反转投影方向。

(a) "剖视图"工具条

(b) "剖视图"工具条

图 11-9　工具条

3. 创建剖切线

此时先单击如图 11-11 中的象限点，然后单击截面线中的"添加段"按钮 ⌟，要求指定剖切位置，通过捕捉如图 11-12 所示的圆心点，以保证两条水平的切割线分别通过圆孔和台阶孔的圆心，最后再次单击"添加段"按钮 ⌟。

4. 放置视图

竖直向上移动光标，在合适的位置放置视图，并将视图标签拖动到剖视图的上方。最后双击剖视图上方的标签，去掉前缀，得到如图 11-13 所示的阶梯剖视图。

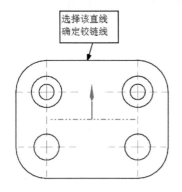

图 11-10　定义铰链线和投影方向

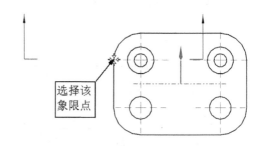

图 11-11　定义切割位置

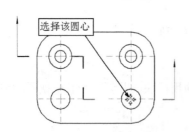

图 11-12　定义切割位置

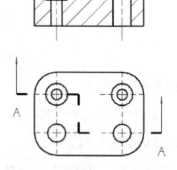

图 11-13　安装座的阶梯剖视图

11.2.3　箱体半剖视图的创建

当模型需要同时表达内部和外部结构，并且具有对称平面时，可以采用半剖视图来表达。半剖视图的创建与阶梯剖视图所不同的是，定义剖切面之后，需要指定折弯位置。

本节以如图 11-14 箱体为例介绍半剖视图的创建方法。

1. 创建并打开文件

打开已创建好的"箱体"部件文件，然后进入制图应用模块，并创建带有俯视图的图纸。

2. 创建半剖视图

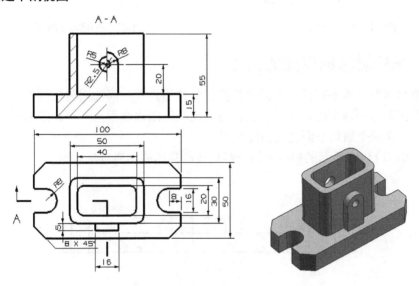

图 11-14　箱体

单击"图纸布局"工具条中的"半剖视图"按钮 ，选择图纸页中已创建的视图为父视图，激活"捕捉点"工具条中的"象限点"和"中点"捕捉方式，首先捕捉如图 11-15 所示的左侧圆弧的象限点，然后捕捉如图 11-16 所示的边的中点。随后向上移动光标至合适位置放置视图，并将视图标签拖到视图上方，最后双击剖视图上方的标签，去掉前缀，得到如图 11-17 所示的箱体的半剖视图。

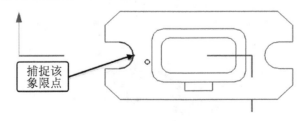

图 11-15　捕捉象限点

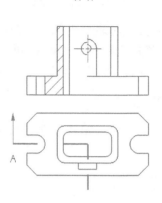

图 11-16　捕捉中点

图 11-17　创建半剖视图

11.2.4　摇臂旋转剖视图的创建

当模型的内部结构不在同一平面，且两部分结构具有共同的回转轴线的时候，可以利用旋转剖视图表达该模型的内部结构。旋转剖视图的创建过程与半剖视图类似，所不同的是，它需要定义两个剖切平面之间的旋转点。

本节以如图 11-18 所示的摇臂为例介绍旋转剖视图的创建方法。

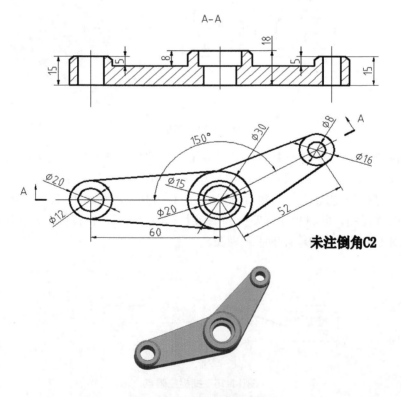

图 11-18　摇臂零件图及模型

1. 创建并打开文件

打开已创建的"摇臂"部件文件，然后进入制图模块，并且在图纸页添加仰视图为基本视图。

2. 创建旋转剖视图

单击"图纸布局"工具条中的"旋转剖视图"按钮，选择图纸页中已存在的视图为父视图，激活"捕捉点"工具条中的"圆心"捕捉方式。首先选择如图 11-19 所示的中部的圆心为两个剖切平面之间的旋转点；然后分别选择左侧和右侧的圆心指定剖切位置，使剖切平面通过圆心；最后向上移动光标至合适的位置放置视图，并将视图标签拖动到视图的上方；最后双击剖视图上方的标签，去掉前缀，得到如图 11-20 所示的旋转剖视图。

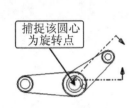

图 11-19　指定旋转点

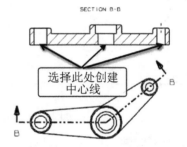

图 11-20　创建旋转剖视图

3. 添加中心线

从图 11-20 可以看出，所创建的旋转剖视图没有中心线。选择"插入"→"2D 中心线"菜单命令，打开"2D 中心线"对话框，选择中间圆孔的上、下两条边创建中心线。然后利用同样的方法创建其余两个孔的中心线，得到如图 11-21 所示的剖视图。

提示：　以上创建中心线的方法见第 12 章的"图纸标注"内容详细讲述。

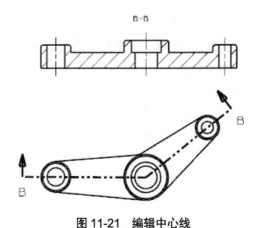

图 11-21　编辑中心线

11.2.5　连接轴局部剖视图的创建

当仅需要表达模型的局部内部结构时，可以采用局部剖视图来表达。

本节以如图 11-22 所示的连接轴的局部剖视图为例，介绍局部剖视图的创建方法。

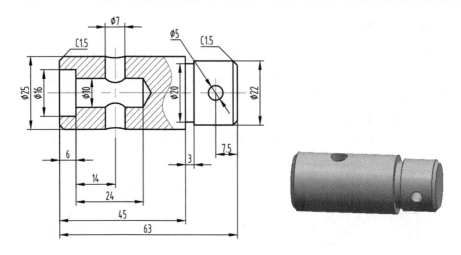

图 11-22　连接轴零件图及模型

1. 创建并打开文件

打开已创建的"连接轴"部件文件，然后进入制图应用模块，并且创建以前视图为基本视图(作为主视图)的图纸页，另需添加其投影视图(作为左视图)，如图 11-23 所示。

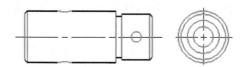

图 11-23　连接轴的主视图和左视图

2. 绘制边界曲线

(1) 选择主视图，单击右键，在弹出的快捷菜单中选择"扩展"，选项进入视图相关编辑状态。

(2) 单击"曲线"工具条中的"艺术样条"按钮 ，在打开的对话框中选择"封闭的"复选框，然后绘制如图 11-24 所示的艺术样条曲线。绘制完成后单击鼠标右键，从弹出的快捷菜单中选择"扩展"选项，关闭对视图的扩展。该曲线确定了局部剖视图的剖切范围。

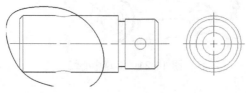

图 11-24　边界曲线显示

提示： 上述绘制的曲线确定了局部剖视图的剖切范围，应该首先绘制。

在绘制曲线后，如果所绘制的曲线超出了视图边界，在取消扩展后有可能不能完全显示，可选择"编辑"→"视图"→"边界"菜单命令，选择该视图后单击"确定"按钮关闭对话框，则曲线将被完整显示。

边界曲线不能自相交，即各个部分光滑过渡，不能存在尖点。

3. 创建局部剖视图

单击"图纸布局"工具条中的"局部剖"按钮，打开如图 11-25 所示的"局部剖"对话框，选择主视图为父视图，然后捕捉如图 11-26 所示的左视图的圆心为参考点，此时显示一个箭头代表投影方向。单击"选择曲线"按钮，选择上述绘制的边界曲线，单击"应用"按钮创建局部剖视图，如图 11-27 所示。

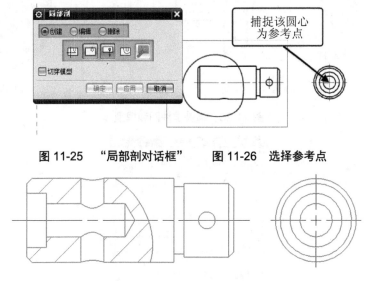

图 11-25 "局部剖对话框" 图 11-26 选择参考点

图 11-27 连接轴的局部剖视图

11.2.6 端盖轴测全剖视图的创建

轴测全剖视图能够以较强的立体感显示实体的内部结构。本节以如图 11-28 所示的端盖为例介绍轴测全剖视图的创建方法。

1. 打开文件

打开已创建的"端盖"部件文件，然后进入制图模块。基本视图选择正等轴测图。

2. 创建剖视图

(1) 选择父视图。选择"插入"→"视图"→"截面"→"轴测剖"菜单命令，打开如图 11-29 所示的"轴测图中的全剖/阶梯剖"对话框，选择已存在的视图为父视图。

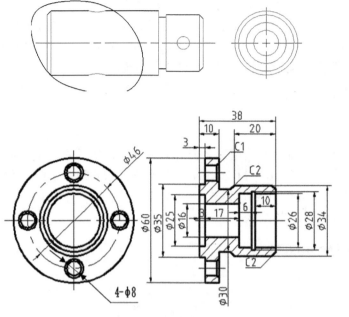

(a) 端盖零件图　　　　　　　　　　(b) 端盖模型

图 11-28　端盖零件图和模型

图 11-29　"轴测图中的全剖/阶梯剖"对话框

(2) 定义投影方向。在"矢量反向"左侧的下拉列表选择（两个点）选项，激活"捕捉点"工具条中的"圆心"捕捉方式，依次选择如图 11-30 所示的两个台阶孔边缘的圆心以定义投影方向，如图 11-31 所示。单击"应用"按钮。

(3) 定义剖切方向。在"矢量反向"左侧的下拉列表中选择（两个点）选项，激活"捕捉点"工具条中的"圆心"捕捉方式，依次选择如图 11-32 所示的两个台阶孔边缘的圆心以定义剖切面方向，如图 11-33 所示，并在"剖视图方向"下拉列表中选择"采用父视图方位"选项，单击"应用"按钮。

图 11-30　捕捉圆心

图 11-31　定义投影方向

图 11-32　选择圆心

图 11-33　定义剖切方向

(4) 创建剖视图。单击"应用"按钮后，打开"截面线创建"对话框，如图 11-34(a)所示。捕捉如图 11-34(b)所示的中心台阶孔的边缘圆弧的圆心，以确定剖切平面通过中心台阶孔的中心线。单击"确定"按钮，向下移动光标至合适的位置后放置视图，并双击视图标签删除前缀，得到如图 11-35 所示的剖视图。

(a)　"截面线创建"对话框

(b)　指定剖切位置

图 11-34　设置剖切图

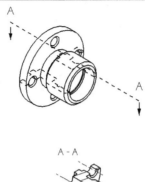

图 11-35　创建剖视图

11.2.7　端盖轴测半剖视图的创建

本节还以上节中图 11-28 所示的端盖为例介绍轴测半剖视图的创建方法。

1. 打开文件

打开已创建的"端盖"部件文件，然后进入制图模块。基本视图选择正等轴测图。

2. 创建剖视图

(1) 选择父视图。选择"插入"→"视图"→"截面"→"轴测剖"菜单命令，打开如图 11-29 所示的对话框，选择已存在的视图为父视图。

(2) 定义投影方向。在"矢量反向"左侧的下拉列表选择⬈(两个点)选项，激活"捕捉点"工具条中的"圆心"捕捉方式，依次选择如图 11-36 所示的两个台阶孔边缘的圆心定义投影方向，如图 11-37 所示。单击"应用"按钮。

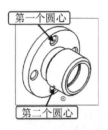

图 11-36　捕捉圆心

图 11-37　定义投影方向

(3) 定义剖切方向。选择如图 11-38 所示的中心台阶孔边圆柱面定义剖切面方向，如图 11-39 所示。

(4) 指定折弯位置和剖切方向。在"剖视图方位"下拉列表中选择"采用父视图方位"选项，单击"应用"按钮，打开"截面线创建"对话框，捕捉如图 11-40 所示的边缘圆心指定折弯位置，如图 11-41 所示。然后捕捉如图 11-41 所示的台阶孔边缘圆心指定剖切位置，如图 11-42 所示。

图 11-38　选择圆柱面

图 11-39　定义剖切方向

(5) 创建剖视图。在"剖视图方位"下拉列表中选择"采用父视图方位"选项，单击"应用"按钮，打开"剖切线创建"对话框，捕捉如图 11-42 所示的中心台阶孔的边缘圆弧的圆心，以确定剖切平面通过中心台阶孔的中心线，单击"确定"按钮。向下移动光标至合适的位置后放置视图，并将视图标签拖动到视图的下方，得到如图 11-43 所示的剖视图。

图 11-40　捕捉圆心

图 11-41　指定折弯位置

图 11-42　指定剖切位置

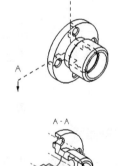

图 11-43　创建轴测半剖视图

11.3　剖视图创建综合范例

11.3.1　主轴表达方法范例

本节介绍轴的表达方法。

1. 创建轴的模型文件

创建如图 11-44 所示的轴的模型，然后进入制图应用模块，并设置符合国标的其他参数。

2. 创建孔的剖视图

单击"图纸"工具条中的"剖视图"按钮，选择图纸中已有的视图为父视图。激活"捕捉点"工具条中的"终点"捕捉方式，捕捉如图 11-45 所示的圆的象限点，水平向左移动光标至合适位置放置视图，得到的剖视图如图 11-46 所示。

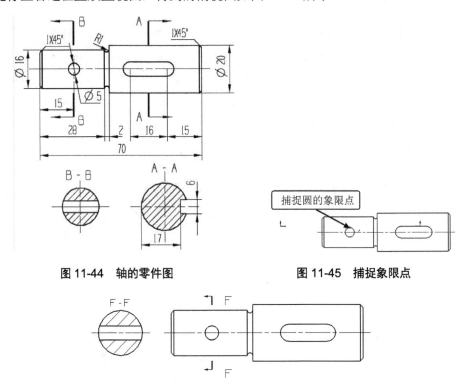

图 11-44　轴的零件图　　　　　　　　图 11-45　捕捉象限点

图 11-46　创建孔的剖视图

3. 创建键槽的剖面图

选择"首选项"→"视图"菜单命令，在打开的"视图首选项"对话框中打开"剖面"选项卡，取消选择"背景"复选框，则创建剖面图(否则创建剖视图)。

单击"图纸"工具条中的"剖视图"按钮，选择图纸中已有的视图为父视图。激活"捕捉点"工具条中的"中点"捕捉方式，捕捉如图 11-47 所示的中点，水平向右移动光标至合适位置放置视图，并将视图标签拖动到剖面图的上方，得到的剖视图如图 11-48 所示。

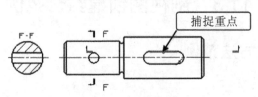

图 11-47　捕捉中点

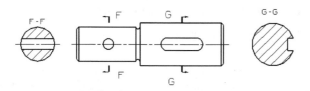

图 11-48　创建键槽的剖面图

11.3.2　座体表达方法范例

本节介绍如图 11-49 所示的座体的表达方法。该座体的结构比较复杂，表达方法除视图外，还需要局部剖视图、半剖视图等。

1．打开座体文件

打开已创建的座体部件文件，并进入制图应用模块。在打开的"图纸页"对话框中选择 A1 图纸幅面，单位为 mm，其余参数不变，单击"确定"按钮创建图纸页。

2．添加视图

单击"图纸"工具条中的"基本视图"按钮，在绘图区左上角弹出的工具条的下拉列表中选择"右"选项，在合适的位置放置视图。然后水平向右移动光标，在合适的位置放置左视图。随后在主视图下方创建俯视图，在右方创建左视图，得到的座体三视图如图 11-49 所示。

3．在左视图创建局部剖视图

(1) 选择主视图绘制边界曲线，单击右键，在弹出的快捷菜单中选择"扩展"选项，进入视图相关编辑状态。单击"曲线"工具条中的"艺术样条"按钮，在打开的对话框中选择"封闭的"复选框，然后绘制如图 11-50 所示的艺术样条曲线。绘制完成后单击鼠标右键，从弹出的快捷菜单中选择"扩展"选项，关闭对视图的扩展。该曲线确定了局部剖视图的剖切范围。

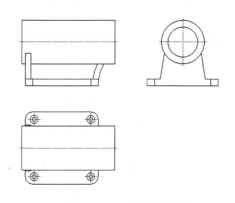

图 11-49　座体的三视图

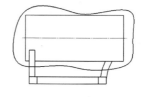

图 11-50　绘制边界曲线

(2) 创建局部剖视图。单击"图纸布局"工具条中的"局部剖"按钮，打开"局部剖"对话框，选择主视图为父视图，然后捕捉如图 11-51 所示的左视图的圆心为参考点，此时显示一个箭头代表投影方向。单击"选择曲线"按钮，选择上述绘制的边界曲线，单击"应用"按钮，创建局部剖视图，如图 11-52 所示。

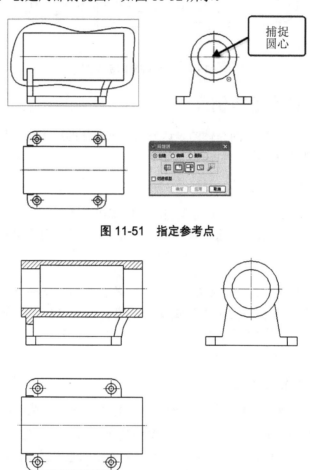

图 11-51　指定参考点

图 11-52　创建局部剖视图

第12章 图纸标注

本章要点

- 掌握图纸标注的内容。
- 掌握图纸标注的方法。

技能要求

- 具备正确为图纸添加符号标注、尺寸标注、文本注释标注、形位公差标注的能力。
- 具备正确为图纸添加图框和标题栏的能力。

本章概述

本章介绍工程图的标注方法。

工程图的标注是反映零部件尺寸和公差信息的最重要方式。对工程人员来说，视图建立后，只有加上标注，才有实际意义。利用标注功能，可以向工程图中添加尺寸、形位公差、制图符号和文本注释等内容。

12.1 中心线标注

中心线标注主要用于添加各种中心线。

添加中心线方法如下。

- 选择菜单"插入"→"中心线"。
- 工具条："注释"→"中心标记"按钮。

"中心线"工具条如图 12-1 所示，常用选项的说明如下。

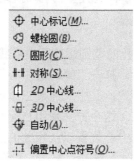

图 12-1 "中心线"工具条

1. 中心标记

【功能】：标注中心线。

【操作说明】：单击该按钮后，打开"中心标记"对话框，如图 12-2 所示，在视图区域选择圆或圆弧单击"应用"按钮，即可生成所选圆或圆弧的中心线，如图12-3所示。

图12-2 "中心标记"对话框

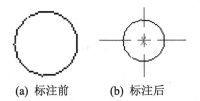

(a) 标注前　　(b) 标注后

图12-3 标注中心线

提示： 可以通过设置"中心标记"对话框中"图例"栏中的 A、B、C 等参数值修改中心线的参数。

选择"创建多个中心标记"复选框时，可以连续选择多个对象以标注多个中心线，否则选择多个对象后标注连续中心线，如图12-4所示。

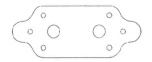

(a) 选择"创建多个中心标记"复选框前　　　　(b) 选择"创建多个中心标记"复选框后

图12-4 标注多个对象的中心线

2. 螺栓圆中心线

【功能】：标注按圆周分布的孔的整圆螺栓孔中心线。

【操作说明】：单击该按钮后，打开"螺栓圆中心"对话框，对话框提供了"通过三个或多个点"和"中心点"两种方式，其中"通过三个或多个点"指通过指定三个或多个点，中心点或螺栓圆将通过这些点，这个方法使用户无须指定中心就可以生成螺栓圆；而"中心点"指通过在螺栓圆上指定中心位置以及相关的点来生成中心线，其半径值由中心和第一个点来确定，但注意非整圆时不选择"整圆"复选框。

3. 圆形中心线

【功能】：标注按圆周分布的孔的部分圆中心线。

【操作说明】：该选项的操作过程与螺栓圆中心线的创建过程相似。

4．对称中心线

【功能】：标注对称符号。

【操作说明】：单击该按钮后，首先选择第一点，然后选择第二点，则在第一点和第二点之间创建对称符号。

5．2D 中心线

【功能】：创建孔中心线。

【操作说明】：单击该按钮后，依此选择需要创建中心线的对象(如孔、圆柱等)在轴线方向的两端的轮廓线，即可通过所选对象的中点创建孔中心线，如图 12-5 所示。

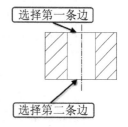

图 12-5 创建孔中心线

6．3D 中心线

【功能】：基于面或曲线输入创建中心线，其中产生的中心线是真实的 3D 中心线。

【操作说明】：单击该按钮后，依此选择需要创建中心线的对象，即可创建通过所选对象的中心线。

7．自动中心线

【功能】：在指定的视图自动标注中心线。

【操作说明】：单击该按钮后，选择需要标注中心线的视图，单击"应用"按钮，则为该视图自动创建中心线。

12.2 尺 寸 标 注

尺寸标注用于标识对象的尺寸大小。由于 UG 工程图模块和三维实体造型模块是完全关联的，因此，在工程图中进行尺寸标注，就是直接引用三维模型的真实尺寸，具有实际的含义。如果需要改变零件中的某个尺寸参数，需要在三维实体中修改。

如果三维实体有修改，工程图中的相应尺寸会自动更新，从而保证了工程图与模型的一致性。

通过"插入"→"尺寸"级联菜单或如图 12-6 所示的"尺寸"工具条可创建各种尺寸。该工具条用于选取尺寸标注的标注样式和标注符号。在标注尺寸前，先要选择尺寸的类型。

图 12-6 "尺寸"工具条

1. 尺寸标注类型

(1) ⊠自动判断尺寸：基于选择的对象不同，自动判断的尺寸类型可以快速地标注多种类型的尺寸，光标位置也会决定尺寸的类型。

- 当选择直线时，会标注直线的长度。
- 当选择单个直线或圆(弧)时，若选择的是圆心角小于等于 180°圆弧，会标注半径尺寸；当选择的是圆心角大于 180°的圆弧，会标注直径尺寸；当选择的是整圆时，自动标注直径尺寸，如图 12-7 所示。

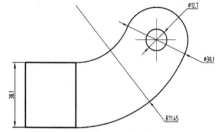

图 12-7　自动判断的尺寸

- 当选择点、圆弧、圆和椭圆这些对象中的任何一对组合时，系统会根据光标位置的不同而自动创建水平尺寸、竖直尺寸或平行尺寸；当选择了两个圆弧圆心时，移动光标到不同的位置，将有可能产生各种类型的尺寸。
- 当选择的两个对象中包含一条直线时，另外的一个对象可以是点、圆弧、圆和椭圆之中的任何一个对象，则系统会自动创建垂直尺寸。
- 当选择两条平行直线时，标注距离尺寸；当选择两条非平行直线时，自动标注角度尺寸。

(2) ⊟水平：在选择的两个点之间标注水平尺寸。

(3) △角度：在不平行的两条直线之间标注角度尺寸，该角度尺寸沿逆时针方向测量。

(4) ⊡竖直：在选择的两个点之间标注竖直尺寸。

(5) ✐平行：在选择的两个点之间标注平行尺寸。

(6) ✐垂直：标注选择的直线和指定点之间的垂直尺寸，即标注点和直线之间的距离。

(7) ⊣倒斜角：标注倒角尺寸。

(8) ⊞圆柱形：标注圆柱直径线性尺寸。

(9) ⊘孔：用一引出线标注圆形特征的直径。

(10) ⊠直径：标注圆的直径。

(11) ⊿半径：用箭头指向圆弧的引出线标注圆或圆弧的半径。

(12) ⊅到中心的直径：用从圆心引出的引出线标注圆或圆弧的半径。

(13) ⊿角带折线的半径：标注大圆弧的半径。标注前，首先单击"曲线"工具条中的"点"按钮，在圆弧的下方合适位置绘制一点作为尺寸线的起点。选择⊿按钮，首先选择圆弧，然后选择上述绘制的点，再指定折弯位置，最后拖动尺寸放置于合适的位置。

(14) ⊟厚度：标注两个对象(如直线、同心圆弧)之间的距离。

(15) ⊟圆弧长：标注弧长。

(16) ⊟水平链：标注连续的水平尺寸。标注时，依次选择需要标注尺寸的多个对象，最后在合适的位置放置尺寸。

(17) ⊟竖直链：标注连续的竖直尺寸。标注时，依次选择需要标注尺寸的多个对象，最后在合适的位置放置尺寸。

(18) ⊞水平基准线：其操作过程与标注连续的水平尺寸相似，区别在于水平基准线标注以选择的第一个对象作为基准。

(19) ⊞竖直基准线：竖直尺寸基线标注，其操作过程与水平基准线标注类似。

2. 尺寸标注参数设置

在进行图纸标注之前，为了使标注符合国家标准，首先需要进行注释参数的设置。选择"首选项"→"注释"菜单命令，打开"注释首选项"对话框，如图 12-7 所示。

(1) 打开"尺寸"选项卡，根据图 12-7 进行如下参数设置。

- 尺寸放置方式：一般前、后分别选择"自动放置"和"箭头之间有线"。
- 尺寸文本放置方式：常选择"尺寸线上方的文本"。
- 尺寸精度及公差形式：根据标注需要选择。
- 倒角尺寸设置形式：根据标注方式选择，如图 12-8 所示的设置是如标注形式为"5×45°"的设置方式。

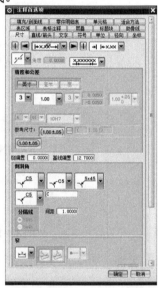

图 12-8　"注释首选项"对话框

12.3　文本注释标注与编辑

文本主要是对图纸上的相关内容做进一步说明，如零件的加工技术要求、标题栏等。选择"插入"→"注释"菜单命令或单击"注释"工具条中的"注释编辑器"按钮，打开如图 12-9 所示的对话框。

(2) 打开"直线/箭头"选项卡，箭头选择"填充的箭头"，D 设置为 1，E 设置为 1.5

(3) 打开"文字"选项卡，设置尺寸文本的大小和文本间隙等参数。经常需要设置的是尺寸文本的大小和公差文本的大小。尺寸文本需要根据视图的大小进行设置。公差文本的大小应略大于尺寸文本的 1/2，在"文字类型"栏中依次单击"尺寸""附加的""公差"和"一般"按钮，可分别进行不同的设置。

(4) 打开"单位"选项卡，选择"小数点是圆点，不显示尾零"，角度选择"毫米"，其余参数不变。

(5) 完成所有设置后，单击"确定"按钮关闭对话框，则所做的参数设置应用于后续创建的尺寸标注。

在"注释"对话框内输入文本，在图纸页中单击鼠标左键放置文本。如果添加的文本框为汉字，再单击图 12-9 的对话框中设置栏右边的"样式"按钮 ，打开如图 12-10 所示的"样式"对话框，在图示的下拉列表中选择"仿宋"选项，还可以改变文字颜色、字体的大小、是否粗体、文本角度等。

图 12-9　"注释"对话框　　　　　**图 12-10　"样式"对话框**

如果需要采用引出的方式放置文本，可在"注释"对话框中的"指引线"栏选择引出方式。结果如图 12-11 所示。

图 12-11　"指引线"设置

12.4　制图基准符号标注

选择"插入"→"注释"→"基准特征符号"菜单命令或单击"注释"工具条中的"基准特征符号"按钮，打开如图 12-12 所示的对话框。

选择上述创建尺寸公差的尺寸线，向下移动光标并单击鼠标左键放置基准，如图 12-13 所示。

图 12-12　"基准特征符号"对话框

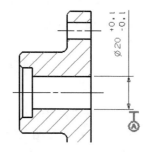

图 12-13　插入基准符号

提示：　新标准要求基准符号是方形的，这就要求去绘制，绘制方法如下：

(1) 单击"曲线"工具条中的"直线"按钮，绘制如图 12-14(a)所示图形。

(2) 选择"插入"→"注释"→"区域填充"菜单命令，填充图形如图 12-14(b)所示。

(3) 选择"插入"→"符号"→"定义定制符号"菜单命令，打开如图 12-15 所示的"定义定制符号"对话框，在绘图区选择已经绘制好的图形，在"名称"文本框中输入"基准符号"，然后单击"确定"按钮，定制基准符号。

(4) 选择"插入"→"符号"→"定制"菜单命令，打开如图 12-16 的"定制符号"对话框，即可在绘图区插入符号。

(a) 填充前

(b) 填充后

图 12-14　方形基准符号

图 12-15　"定义定制符号"对话框

图 12-16　"定制符号"对话框

12.5　形位公差标注

选择"插入"→"注释"→"特征控制框"菜单命令或单击"注释"工具条中的"特征控制框"按钮，打开如图 12-17 所示的"特征控制框"对话框。

图 12-17　"特征控制框"对话框

下面介绍"形位公差"的标注方法，如图 12-18 所示。

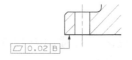

图 12-18　创建形位公差实例 1——平面度

12.6　表面粗糙度符号标注

选择"插入"→"注释"→"表面粗糙度符号"菜单命令或单击"注释"工具条中的"表面粗糙度符号"按钮，打开如图 12-19 所示的对话框，根据标注要求设置，如图 12-20 所示。

在视图中预选放置位置，单击左键，拖动光标一小段距离后释放左键，然后移动光标到合适的位置。双击符号可以改变表面粗糙度数值。

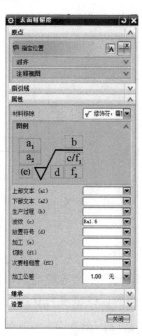

图 12-19　"表面粗糙度"对话框　　　　**图 12-20　"表面粗糙度"设置样式**

12.7　添加图框和标题栏

1. 绘制图框

单击"曲线"工具条中的"矩形"按钮，打开"矩形"对话框，选择"按 2 点"方法绘制矩形，选择图框的左下角点的坐标为(0, 0)，设置"宽度"为 297，"高度"为 210，最后单击，完成图框外边框线的绘制。利用同样的方法，绘制内边框线，完成 A4 图框线绘制，如图 12-21(a)所示。

2. 绘制标题栏

利用上述同样的方法，绘制标题栏，完成如图 12-21(b)所示。

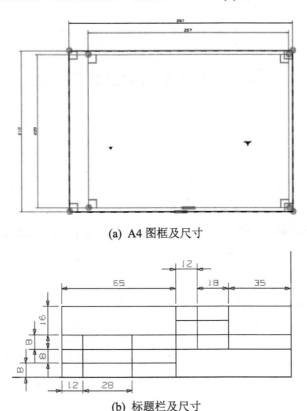

(a) A4 图框及尺寸

(b) 标题栏及尺寸

图 12-21 图框和标题栏

3. 编辑显示

选择"编辑"→"对象显示"菜单命令，编辑图框和标题栏外框的直线宽度为 0.25，而标题栏内部的直线宽度为 0.13。

4. 添加标题栏内容

单击"注释"工具条中的"注释编辑器"按钮，在弹出的对话框中输入"端盖"，单击图 12-9 对话框中设置栏右边的"样式"按钮，打开如图 12-10 所示的"样式"对话框，在图示的下拉列表中选择"仿宋"选项，并在"字符大小"文本框中输入 8，单击"确定"按钮关闭对话框。移动光标，使文字位于标题栏左上角的空格内，单击鼠标左键放置文本。再次单击绘图区左上角工具条中的"样式"按钮，设置字符大小为 4。然后按照如图 12-22 所示的内容填写标题栏。

【实例】：本例将使用 NX 的制图表格功能制作标题栏。

(1) 插入一个制图表格。单击"表"工具条中的"表格注释"图标，NX 默认的表格是 5×5 的表格，根据要求设置为 5 行×6 列，然后在图框区域内的任意位置放置表格。

图 12-22 添加标题栏内容

(2) 重设表格大小。选中整个表格，单击右键弹出快捷菜单，选择"选择"→"行"命令，如图 12-23 所示。单击右键，在弹出菜单中选择"调整大小"命令，输入行高度为 8，按 Enter 键确认。拖动选择表格左边第一列的右边直到需要的距离，此处设置距离为 12，如图 12-23 所示。同理，拖动选择表格左边第二、三、四、五、六列，分别设置列宽度为 28、25、12、18、35，如图 12-24 所示。

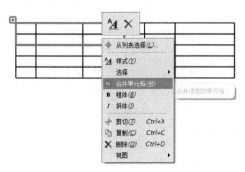

图 12-23 表格的 MB3 菜单　　　　　　**图 12-24 重设列高度效果**

(3) 合并单元格。拖动光标，选中第一行和第二行的前三列，单击鼠标右键，在快捷菜单中选择"合并单元格"命令，如图 12-25 所示。同理，完成其他合并单元格的操作，结果如图 12-26 所示。

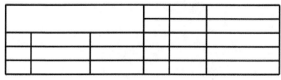

图 12-25 合并单元格

(4) 定位表格：选择整个表格(单击表格左上角的表格选择符号)→单击 MB3→编辑，在弹出的如图 12-27(a)所示的"表格注释区域"对话框中单击"指定位置"按钮；在绘图区单击"点构造器"按钮，打开"点"对话框，在"偏置选项"文本框中选择"无"，分别设置 X、Y 增量，如图 12-27(b)所示。最后单击"确定"按钮，把标题栏表格定位在图框的右下角。结果如图 12-28 所示。

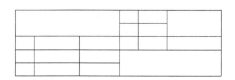

图 12-26 完成单元格合并的表格

(a) "编辑注释区域"对话框

(b) "点"对话框

图 12-27　定位表格

（5）填写表格：单击"注释"工具条中的"注释"按钮，打开如图 12-29 所示的"注释"对话框，选择设置项中的"样式"按钮，打开如图 12-30 所示的"样式"对话框，选择文字样式为"仿宋"，然后确定字符的大小，单击"确定"按钮。在打开的"注释"文本输入窗口输入文本"端盖"，在适当位置放置文字，单击"关闭"按钮。双击单元格，可调整字体。同理，在其他需要的单元格中输入文本，完成结果如图 12-31 所示。

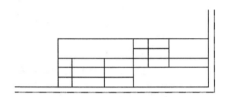

图 12-28　标题栏的定位

图 12-29　"注释"对话框

图 12-30　"样式"对话框

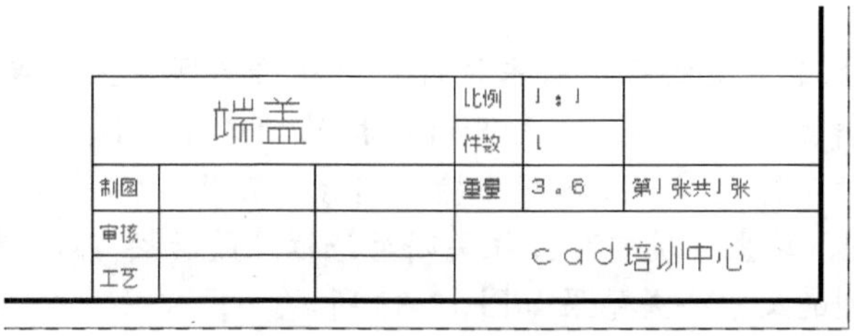

端盖	比例	1：1	
	件数	1	
制图		重量 3.6	第1张共1张
审核		cad培训中心	
工艺			

图 12-31　完成的标题栏

12.8　端盖的标注实例

通过本练习，巩固已经学习的标注方法。

1. 打开文件

打开已创建的"端盖"文件，进入制图模块，然后创建如图 12-30 所示的视图。

2. 标注自动判断尺寸

在"尺寸"工具栏中单击"自动判断尺寸"按钮，完成以下尺寸的标注。

(1) 标注最外圆的直径尺寸：选择最外圆弧，单击右键，在弹出菜单中选择类型为"双向公差"(系统预览公差式样)。单击右键，在弹出菜单中选择"公差"命令，输入公差上限为 0.05，下限为–0.02。按 Enter 键，移动光标到合适位置，单击放置尺寸，如图 12-32 所示。

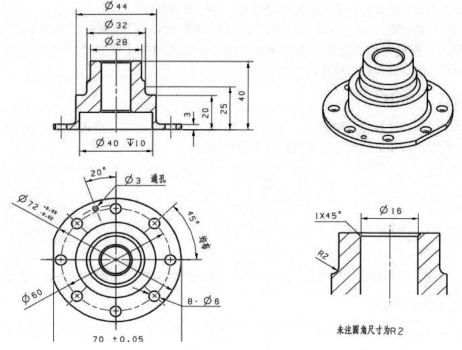

图 12-32　端盖工程图标注

提示：在标注上述公差之后，双击该尺寸，在绘图区左上角弹出的工具条中单击"尺寸样式"按钮，在打开对话框的"文字"选项卡中单击"公差"按钮，在"字符大小"文本框中输入 1.8，在"尺寸/公差间距因子"文本框中输入 0.2，单击"确定"按钮关闭对话框。最后按 Esc 键结束尺寸公差的编辑，得到的尺寸公差结果如图 12-33 所示。

(2) 标注水平长度尺寸 70：选择左边的竖直直线，再选择最外圆弧的切点(选择前确保点捕捉工具条中的切点约束符号被激活)，单击右键，选择公差类型为"对称公差，等值"(系统预览公差式样)。单击右键，在弹出菜单中选择"公差"命令，输入公差为 0.05。移动光标到合适位置，单击放置尺寸，结果如图 12-34 所示。

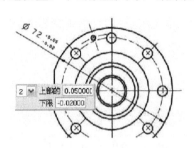
图 12-33　创建带公差的直径尺寸

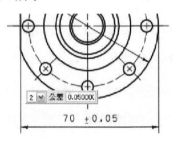
图 12-34　创建带公差的线性尺寸

(3) 标注圆孔的尺寸：在"尺寸"创建对话框中，单击"重置"按钮，恢复为系统默认状态。选择如图 12-35 所示的圆并单击右键，在弹出菜单中选择"附加文本"(在后面)命令，输入附加文本为"通孔"，按 Enter 键。再次单击右键，在弹出菜单中选择"文本方位"→"水平"命令。移动光标到合适位置，单击放置尺寸。

(4) 标注螺栓圆控制点之间的角度尺寸：选择如图 12-36 所示螺栓圆的两个控制点，单击右键，在弹出菜单中选择"附加文本"命令，输入附加文本为"均布"，按 Enter 键，移动光标到合适位置，单击放置尺寸。

3. 角度尺寸的标注

单击"角度尺寸标注"按钮，依次选择如图 12-37 所示的完整螺栓圆和部分螺栓圆的线性中心线。移动光标到合适位置，单击放置尺寸。

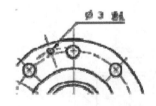
图 12-35　创建孔尺寸标注

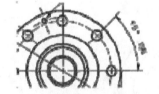
图 12-36　螺栓圆的角度图尺寸标注

图 12-37　一般角度尺寸标注

4. 直径尺寸的标注

螺栓圆直径尺寸的标注：单击"直径尺寸标注"按钮，选择完整螺栓圆的圆弧部分。移动光标到合适位置，单击放置尺寸，如图 12-38 所示。

标注 8 个圆孔的直径尺寸：单击"直径尺寸标注"按钮 🔍，选择如图 12-39 所示的一个螺栓孔并单击右键，在弹出菜单中选择"附加文本" ◀ (在前面)命令，输入附加文本为"8-"，按 Enter 键。再次单击右键，在弹出菜单中选择"文本方位"→"水平"命令，移动光标到合适位置，单击放置尺寸。

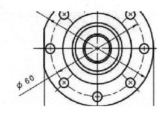 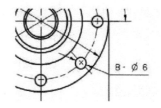

图 12-38　螺栓圆的直径尺寸标注　　　图 12-39　圆孔的直径尺寸标注

5. 标注圆柱的直径尺寸

单击"圆柱直径"按钮 🔳，确保"点捕捉"工具条中的控制点或端点按钮激活。选择两个正确的端点，创建直径为 28mm 的圆柱尺寸，如图 12-40 所示。

同理，标注另外两个直径分别为 32mm 和 44mm 的直径尺寸，如图 12-41 所示。

在尺寸标注过程中，可以使尺寸的文本与其他文本对齐，具体做法是：将正在标注的尺寸移动到其他文本上，然后沿水平或竖直方向移开，当出现对齐符号时，单击放置尺寸。尺寸文本对齐之后，它们的位置保持关联性。如图 12-42 所示，选择圆柱直径图标，选择如图 12-42 所示两个正确的端点，创建直径为 40mm 的圆柱，单击右键，选择"文本编辑器"，选择文本在后面图标 🔲，在"制图符号"选项卡中选择图标 ▼，输入文本 10，单击"确定"按钮。

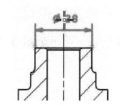 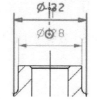 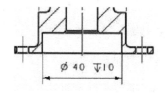

图 12-40　圆柱直径尺寸　　　图 12-41　尺寸文本对齐　　　图 12-42　附加文本

6. 竖直基准尺寸标注

选择"竖直基准尺寸标注"图标 🔲，确保控制点或端点处于激活状态，依次选择如图 12-43(a)所示的各基准尺寸的端点，移动光标到合适位置，单击右键放置尺寸。

提示：　如果所标注的尺寸预览如图 12-43(b)所示的状态，单击右键，选择"反向偏置"命令，切换到正确的结果，也可以重新设置尺寸偏置。

7. 标注倒角尺寸

选择"倒角尺寸标注图标"，选择详细视图上的一个倒角边，移动光标到合适的位置，单击放置尺寸，如图 12-44 所示。

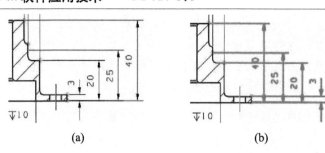

图 12-43　基准尺寸标注

8. 标注其他尺寸

如图 12-45 所示，使用自动推断的方式标注 R2 的半径尺寸；使用圆柱直径方式标注直径为 16mm 的尺寸。

9. 一般文本的标注

选择"注释编辑器"图标，输入文本为"未注圆角尺寸为 R2"，在图纸空间合适的位置放置注释文本。

10. 引出文本的标注

在放置文本时，在某个位置点按住并拖动左键，即可产生引出文本，如图 12-46 所示。

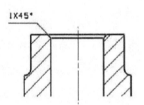

图 12-44　倒角尺寸标注

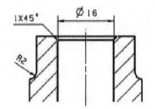

图 12-45　其他尺寸标注

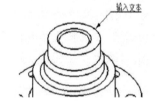

图 12-46　引出文本的标注

11. 其他制图标注

(1) 制图基准符号。

选择"插入"→"注释"→"基准特征符号"菜单命令或单击"注释"工具条中的"基准特征"按钮，打开如图 12-12 所示的对话框。

选择上述创建尺寸公差的尺寸的尺寸线，向下移动光标，单击放置基准，如图 12-47 所示。

(2) 标注形位公差。

在"注释"工具条中单击"特征控制框"按钮，选择特性为"平面度□"，输入公差为 0.02(系统在绘图区中进行预览)。在剖视图中预选如图 12-31 所示的底边，拖动光标一小段距离后释放左键，移动光标到合适的位置(引出线可以捕捉到竖直和水平方向)，单击右键放置形位公差。

(3) 添加表面粗糙度符号。

选择"插入"→"注释"→"表面粗糙度符号"菜单命令或单击"注释"工具条中的"表面粗糙度符号"按钮，打开如图 12-17 所示的对话框，根据标注要求设置，如图 12-18 所示。

在视图中预选放置位置，拖动光标一小段距离后释放左键，然后移动光标到合适的位置。双击符号可以改变表面粗糙度数值。

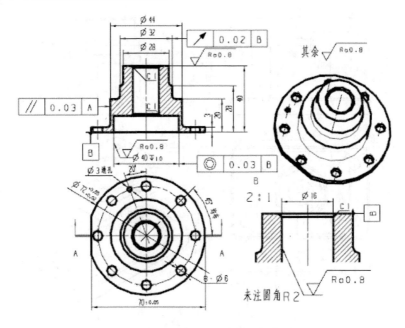

图 12-47　放置基准

习　　题

12-1　创建如图所示模型，转成工程图并标注完整。

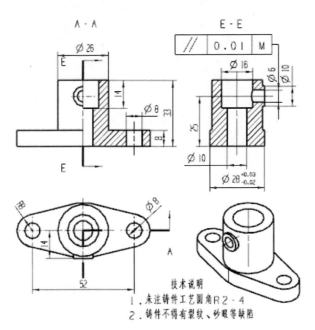

12-2　创建如图所示模型，转成工程图并标注完整。

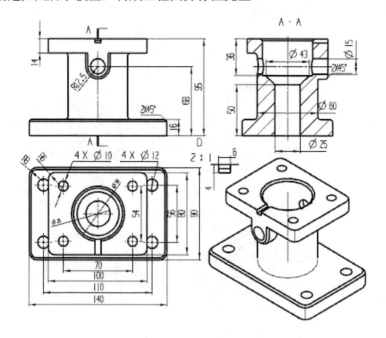

第 13 章　CAM 概述

本章要点 ▮▮

- 了解 CAM 的概念。
- 了解 UG NX 8.5 CAM 的基本功能。

技能要求 ▮▮

- 具备正确的选用能力。
- 具备合理运用的能力。
- 具备以后用到时能够进行查询的能力。

本章概述 ▮▮

本章主要介绍 UG NX 8.5 中的 CAM 功能的基本操作，包括 UG NX 加工模块的用户界面、加工环境设置、刀具的选择与定义、刀具轨迹的生成等操作。这些内容是应用 UG NX 8.5 加工模块的基础，读者应该首先熟悉这部分内容，或者以后用到时能熟练查询。

13.1　CAM 基本概念

13.1.1　CAM 的概念

CAM(Computer Aided Manufacturing，计算机辅助制造)的核心是计算机数值控制(简称数控)，是将计算机应用于制造生产过程的过程或系统。1952 年，美国麻省理工学院首先研制出数控铣床。数控的特征是由编码在穿孔纸带上的程序指令来控制机床。此后发展了一系列的数控机床(NC,Numerical Control)，如称为"加工中心"的多功能机床，它能从刀库中自动换刀和自动转换工作位置，能连续完成钻、铰、攻丝等多道工序，这些都是通过程序指令控制运作的。只要改变程序指令，就可改变加工过程，数控的这种加工灵活性称之为"柔性"。早期加工程序的编制不但需要相当多的人工，而且容易出错。麻省理工学院于 1950 年研究开发了数控机床的加工零件编程语言 APT，这是类似 FORTRAN 的高级语言，它增强了几何定义、刀具运动等语句编程是批处理的，应用 APT 使编写程序变得简单。

CAM 系统一般具有数据转换和过程自动化两方面的功能。它所涉及的范围包括计算机数控和计算机辅助过程设计。

市面上的 CAM 软件有 UG NX，Pro/NC，CATIA，MasterCAM，SurfCAM，SPACE-E，CAMWORKS，WorkNC，TEBIS，HyperMILL，Powermill，Gibbs CAM，FEATURECAM，Topsolid，Solidcam，Cimatron，VX，Esprit，Gibbscam，Edgecam，等等。数控除了在机床中应用以外，还广泛地用于其他各种设备的控制，如冲压机、火焰或

等离子弧切割、激光束加工、自动绘图仪、焊接机、装配机、检查机、自动编织机、电脑绣花和服装裁剪等，成为各个相应行业 CAM 的基础。

计算机辅助制造系统是通过计算机分级结构控制和管理制造过程的多方面工作，它的目标是开发一个集成的信息网络来监测一个广阔的相互关联的制造作业范围，并根据一个总体的管理策略控制每项作业。

从自动化的角度看，数控机床加工是一个工序自动化的加工过程，加工中心是实现零件部分或全部机械加工过程自动化。计算机直接控制和柔性制造系统是完成一族零件或不同族零件的自动化加工过程，而计算机辅助制造是计算机进入制造过程的一个总的概念。

一个大规模的计算机辅助制造系统是一个计算机分级结构的网络，它由两级或三级计算机组成，其中中央计算机控制全局，提供经过处理的信息；主计算机管理某一方面的工作，并对下属的计算机工作站或微型计算机发布指令和进行监控；计算机工作站或微型计算机承担单一的工艺控制过程或管理工作。

计算机辅助制造系统的组成可以分为硬件和软件两方面：硬件方面有数控机床、加工中心、输送装置、装卸装置、存储装置、检测装置、计算机等，软件方面有数据库、计算机辅助工艺过程设计、计算机辅助数控程序编制、计算机辅助工装设计、计算机辅助作业计划编制与调度、计算机辅助质量控制等。

计算机辅助制造有狭义和广义的两个概念。CAM 的狭义概念指的是从产品设计到加工制造之间的一切生产准备活动，它包括 CAPP、NC 编程、工时定额的计算、生产计划的制订、资源需求计划的制订等。这是最初的 CAM 系统概念。到今天，CAM 的狭义概念更进一步缩小为 NC 编程的同义词。CAPP 已被作为一个专门的子系统，而工时定额的计算、生产计划的制订、资源需求计划的制订则划分给 MRPⅡ/ERP 系统来完成。CAM 的广义概念包括的内容则多得多，除了上述 CAM 狭义定义所包含的所有内容外，它还包括制造活动中与物流有关的所有过程(加工、装配、检验、存储、输送)的监视、控制和管理。

13.1.2　数控系统和数控编程

数控系统是机床的控制部分，它根据输入的零件图纸信息、工艺过程和工艺参数，按照人机交互的方式生成数控加工程序，然后通过电脉冲数，再经伺服驱动系统带动机床部件做相应的运动。

传统的数控机床 NC 上，零件的加工信息是存储在数控纸带上的，通过光电阅读机读取数控纸带上的信息，实现机床的加工控制。后来发展到计算机数控(CNC，Computer Namerical Control)，功能得到很大的提高，可以将一次加工的所有信息一次性读入计算机内存，从而避免频繁地启动阅读机。更先进的 CNC 机床甚至可以去掉光电阅读机，直接在计算机上编程，或者直接接收来自 CAPP(Computer Aided Process Planning)的信息，实现自动编程。后一种 CNC 机床是计算机集成制造系统的基础设备。

现代 CNC 系统常具有以下功能：①多坐标轴联动控制；②刀具位置补偿；③系统故障诊断；④在线编程；⑤加工、编程并行作业；⑥加工仿真；⑦刀具管理和监控；⑧在线检测。

所谓数控编程，是根据来自 CAD 的零件几何信息和来自 CAPP 的零件工艺信息自动或在人工干预下生成数控代码的过程。常用的数控代码有 ISO(国际标准化组织)和 EIA(美国电子工业协会)两种系统。其中 ISO 代码是 7 位补偶代码，即第 8 位为补偶位；而 EIA 代码是 6 位补奇码，即第 5 位为补奇位。补偶和补奇的目的是为了检验纸带阅读机的读错信息。一般的数控程序是由程序字组成，而程序字则是由用英文字母代表的地址码和地址码后的数字和符号组成。每个程序都代表着一个特殊功能，如 G00 表示点位控制，G33 表示等螺距螺纹切削，M05 表示主轴停转等。一般情况下，一条数控加工指令是由若干个程序字组成的，如 N012G00G49X070Y055T21 中的 N012 表示第 12 条指令，G00 表示点位控制，G49 表示刀补准备功能，X070 和 Y055 表示 X 和 Y 的坐标值，T21 表示刀具编号指令。整个指令的意义是：快速运动到点(70，55)，1 号刀取 2 号拨盘上刀补值。

数控编程的方式一般有 4 种：①手工编程；②数控语言编程；③CAD/CAM 系统编程；④自动编程。

13.2 UG NX 8.5 加工模块

13.2.1 进入 UG NX 8.5 加工模块

进入 UG NX 8.5 数控加工环境以前，首先要有已经建好的待加工零件模型文件。打开 UG 软件后，单击"打开"按钮 ，在弹出的"打开"对话框中选择待加工文件 jiag.prt，单击 OK 按钮进入软件的建模环境，如图 13-1 所示。

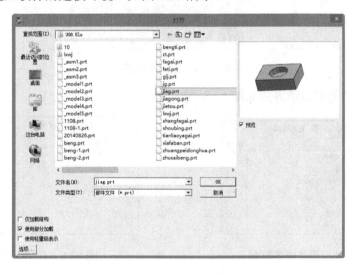

图 13-1 "打开"对话框

单击"开始"按钮 ，选择下拉菜单中的"加工"命令，如图 13-2 所示，进入 UG NX 8.5 的加工环境。同时弹出如图 13-3 所示的"加工环境"对话框。在"CAM 会话配置"列表框中选择 cam_general，在"要创建的 CAM 设置"列表框中选择 mill_planar。

工序导航器在加工模块的资源管理中有很重要的作用。在资源栏中单击"工序导航器"标签，如图 13-4 所示，在导航器中单击鼠标右键，得到如图 13-4 所示的快捷菜单，具体列出了工序导航器的 4 种视图显示方式，可以通过其中的选项进行切换。

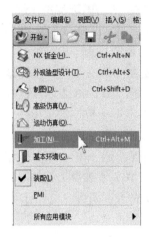

图 13-2　"开始"下拉菜单

图 13-3　"加工环境"对话框

图 13-4　工序导航器

4 种工序导航器的显示方式如图 13-5～图 13-8 所示。

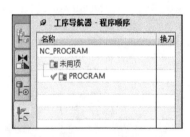

图 13-5　程序顺序视图

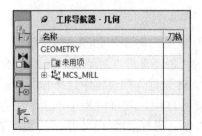

图 13-6　机床视图

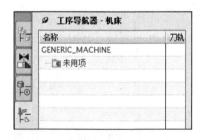

图 13-7　几何视图

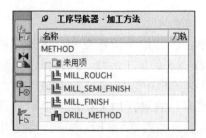

图 13-8　加工方法视图

13.2.2　创建操作

1. 创建程序

程序主要用于排列各加工的次序，并可方便地对各个加工操作进行管理，某种程度上相当于一个管理各个加工操作的文件夹。

选择"插入"→"程序"菜单命令，如图 13-9 所示，弹出"创建程序"对话框，如图 13-10 所示，选择程序"类型"为 mill_contour、程序"位置"为 NC_PROGRAM、输入程序"名称"为 PROGRAM_1。默认的程序种类有 11 种，如图 13-11 所示。最后单击"创建程序"对话框中的"确定"按钮，弹出如图 13-12 所示的"程序"对话框，继续单击对话框中的"确定"按钮完成程序的创建。工序导航器中的变化如图 13-13 所示。

图 13-9　"插入"菜单

图 13-10　"创建程序"对话框

图 13-11　类型选项

图 13-12 "程序"对话框

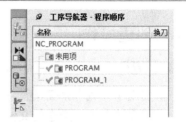

图 13-13 工序导航器

2. 创建刀具

在创建合理的加工工序前，必须设置合理的刀具参数或者从刀具库中选择合适的刀具。刀具的定义直接影响加工表面质量的优劣、加工精度以及加工成本。

选择"插入"→"刀具"菜单命令，如图 13-14 所示。系统弹出"创建刀具"对话框，如图 13-15 所示，选择"类型"为 mill_contour，选择"刀具子类型"为 MILL，选择"位置"为 GENERIC_MACHIN，设置刀具"名称"为 D8R0，单击"确定"按钮。

图 13-14 "插入"菜单

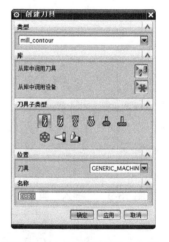

图 13-15 "创建刀具"对话框

系统弹出"铣刀-5 参数"对话框，如图 13-16 所示，在"尺寸"栏中的"直径"文本框中输入 8、"长度"文本框中输入 50、"刀刃长度"文本框中输入 30，其他选项采用默认设置。刀具预览效果如图 13-17 所示。单击"确定"按钮完成刀具的创建。工序导航器中的变化如图 13-18 所示。

3. 创建几何体、机床坐标系及安全平面

在创建加工操作之前，应首先创建机床坐标系，并检查机床坐标系与参考坐标系的位置和方向是否正确。

图 13-16　"铣刀-5 参数"对话框

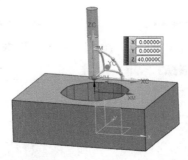

图 13-17　刀具预览效果

图 13-18　工序导航器

　　(1) 选择"插入"→"几何体"菜单命令，如图 13-19 所示，系统弹出"创建几何体"对话框，如图 13-20 所示，选择"类型"为 mill_contour，选择"几何体子类型"为 MCS，选择"位置"为 GEOMETRY，"名称"输入 jiag_MCS。单击"确定"按钮，进入 MCS 对话框，如图 13-21 所示。

图 13-19　"插入"菜单

图 13-20　"创建几何体"对话框

(2) 在 MCS 对话框中单击 CSYS 按钮，弹出 CSYS 对话框，如图 13-22 所示，用来指定机床坐标系。单击对话框中的"操控器"按钮，系统弹出点对话框，如图 13-23 所示，用来指定坐标系原点的位置，在对话框的 Z 文本框中输入 30，得到的坐标系原点的位置如图 13-24 所示。单击两次"确定"按钮，回到 MCS 对话框。

图 13-21　MCS 对话框

图 13-22　CSYS 对话框

图 13-23　"点"对话框

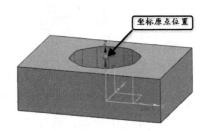

图 13-24　坐标系原点

(3) 在 MCS 对话框中进行安全设置。如图 13-25 所示，在"安全设置选项"下拉列表中选择"平面"，单击"平面对话框"按钮，打开"平面"对话框，如图 13-26 所示，在"要定义平面的对象"栏中选择如图 13-27 所示的工件上表面为安全平面，在"偏置"栏"距离"文本框中输入 3。

图 13-25　MCS 对话框

图 13-26　"平面"对话框

(4) 单击"确定"回到 MCS 对话框，再单击"确定"按钮，完成机床坐标系的创建。

创建完的机床坐标系如图 13-28 所示。

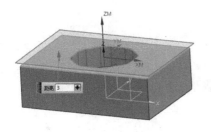

图 13-27　安全平面位置

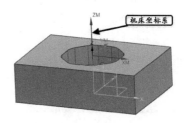

图 13-28　机床坐标系

4. 创建部件几何体及毛坯几何体

选择"插入"→"几何体"菜单命令，系统弹出"创建几何体"对话框，如图 13-29 所示，选择"类型"为 mill_contour，选择"几何体子类型"为 WORKPIECE，选择"位置"为 JIAG_MCS(即上一步创建的机床坐标系)，"名称"文本框中输入 jiag_WORKPIECE。单击"确定"按钮，进入"工件"对话框，如图 13-30 所示。单击"工件"对话框中的"部件"按钮，弹出"部件几何体"对话框，如图 13-31 所示。选择绘图区域中的零件，如图 13-32 所示，单击"部件几何体"对话框中的"确定"按钮回到"工件"对话框。再单击"工件"对话框中的"毛坯"按钮，弹出"毛坯几何体"对话框，如图 13-33 所示，选择"类型"为"包容块"，所有"限制"值都为 0，毛坯效果如图 13-34 所示。单击两次"确定"按钮，完成部件和毛坯的创建。

图 13-29　"创建几何体"对话框

图 13-30　"工件"对话框

图 13-31　"部件几何体"对话框

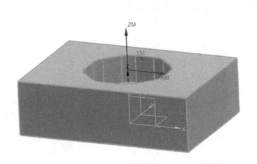

图 13-32　选择部件

图 13-33　"毛坯几何体"对话框　　　　图 13-34　毛坯几何体

5. 创建切削区域几何体

选择"插入"→"几何体"菜单命令，系统弹出"创建几何体"对话框，如图 13-35 所示，选择"类型"为 mill_contour，选择"几何体子类型"为 MILL_AREA，选择"位置"为 JIAG_WORKPIECE(即上一步创建的部件几何体)，"名称"文本框输入 jiag_ARER。单击"确定"按钮，进入"铣削区域"对话框，如图 13-36 所示。单击"铣削区域"对话框中的"切削区域"按钮，弹出"切削区域"对话框，如图 13-37 所示。选择绘图区域中零件的切削区域的各个面(共 17 个面)，如图 13-38 所示，单击"切削区域"对话框中的"确定"按钮，回到"铣削区域"对话框。再单击"铣削区域"对话框中的"确定"按钮，完成切削区域几何体的指定。指定完成后，工序导航器上的变化如图 13-39 所示，导航器中增加了部件几何体 JIAG_WORKPIECE 和切削区域几何体 JIAG_ARER。

图 13-35　"创建几何体"对话框　　　　图 13-36　"铣削区域"对话框

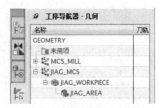

图 13-37　"切削区域"对话框　　　图 13-38　切削区域　　　图 13-39　工序导航器

6. 创建加工方法

选择"插入"→"方法"菜单命令，如图 13-40 所示，系统弹出"创建方法"对话框，如图 13-41 所示。选择"类型"为 mill_contour，选择"方法子类型"为 MOLD_FINISH_HSM，选择"位置"栏中的"方法"为 MILL_SEMI_FINISH，"名称"文本框中输入 jiag_FINISH。单击"确定"按钮，进入"模具精加工 HSM"对话框，如图 13-42 所示，在"部件余量"文本框中输入 0.4 后，单击对话框中的"确定"按钮，完成加工方法创建。创建完成后，工序导航器上的变化如图 13-43 所示，导航器中增加了加工方法 JIAG_FINISH。

图 13-40 "插入"菜单

图 13-41 "创建方法"对话框

图 13-42 "模具精加工 HSM"对话框

图 13-43 工序导航器

7. 创建工序

选择"插入"→"工序"菜单命令，如图 13-44 所示，系统弹出"创建工序"对话框，如图 13-45 所示。选择"类型"为 mill_contour，选择"工序子类型"为"型腔铣"
🎞、选择"位置"栏中的"程序"为 PROGRAM_1、"刀具"为"D8R0"、"几何体"
为 JIAG_AREA、"方法"为 JIAG_FINISH，在"名称"文本框中输入 jiag_CAVITY。单
击"确定"按钮，进入"型腔铣"对话框，如图 13-46 所示，"切削模式"选择"跟随部
件"、"最大距离"文本框中输入 1mm，其余选项按默认即可。单击对话框中"切削参
数"按钮🖳，进入"切削参数"对话框，如图 13-47 所示，在"余量"选项卡下的"部件侧
面余量"文本框中输入 0.1、在"内公差"和"外公差"文本框中都输入 0.2，单击"确
定"按钮完成设置，回到"型腔铣"对话框。

图 13-44   "插入"菜单

图 13-45   "创建工序"对话框

图 13-46   "型腔铣"对话框

图 13-47   "切削参数"对话框

再单击"型腔铣"对话框中"非切削移动"按钮 ，进入"非切削移动"对话框，如图 13-48 所示，在"进刀"选项卡"封闭区域"栏"进刀类型"下拉列表中选择"螺旋"，其余选项按默认即可。单击"确定"按钮，完成设置，回到"型腔铣"对话框。再单击"型腔铣"对话框中"进给率和速度"按钮 ，进入"进给率和速度"对话框，如图 13-49 所示，在"主轴速度"栏中勾选"主轴速度"复选框，并在文本框中输入1500，在"进给率"栏中的"切削"文本框中输入 2500，再单击文本框后的计算器按钮 ，完成其他相关参数的自动计算。单击"确定"按钮完成设置，回到"型腔铣"对话框。至此已完成型腔铣的参数设置，不要单击"确定"按钮，拖动"型腔铣"对话框右侧的下拉条，使最底部的"操作"栏显示出来，就可以进行生成操作了。

图 13-48　"非切削移动"对话框

图 13-49　"进给率和速度"对话框

13.2.3　生成操作

在"型腔铣"对话框中单击"生成"按钮 ，如图 13-50 所示，系统将生成刀具的轨迹，刀具轨迹如图 13-51 所示。同时操作栏中的其他几个按钮变为可用状态，如图 13-52 所示，单击"操作"栏中的"确认"按钮 ，系统弹出"刀轨可视化"对话框，如图 13-53 所示。

单击"刀具可视化"对话框中的"2D 动态"标签，调整"动画速度"为 2，单击"播放"按钮 ，进行 2D 动态仿真，得到的仿真结果如图 13-54 所示。单击"3D 动态"标签，再单击"播放"按钮，效果如图 13-55 所示。单击"重播"标签，再单击"播放"按钮，效果如图 13-56 所示。同时工序导航器中增加了 JIAG_CAVITY 加工方法，如图 13-57 所示。

图 13-50　"型腔铣"对话框

图 13-51　刀具轨迹

图 13-52　操作栏

图 13-53　"刀轨可视化"对话框

图 13-54　2D 动态

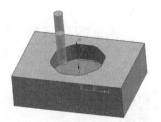

图 13-55　3D 动态

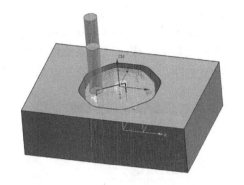

图 13-56　重播　　　　　　　　　　　　　　图 13-57　工序导航器

选择"信息"→"车间文档"菜单命令，如图 13-58 所示，系统弹出"车间文档"对话框，如图 13-59 所示，选择"报告格式"为 Operation List Select(TEXT)，其他选项保持默认，单击"确定"按钮，完成车间文档的生成，同时系统弹出信息文本框，如图 13-60 所示。车间文档中有对加工车间有用的刀具参数清单、加工工序、加工方法清单和切削参数清单等。

图 13-58　"信息"菜单　　　　　　　　　图 13-59　"车间文档"对话框

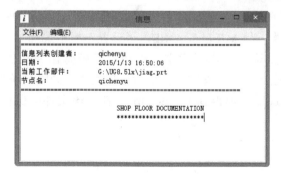

图 13-60　车间文档信息

单击"操作"工具条中的"输出 CLSF"按钮，如图 13-61(a)所示，系统弹出"CLSF 输出"对话框，如图 13-61(b)所示，选择"CLSF 格式"为 CLSF_STANDARD，其余选项保持默认，单击"确定"按钮，完成 CLSF 文件的生成，同时系统弹出"信息"对话框，如图 13-62 所示。CLSF 文件是刀具位置源文件，是一个可用第三方后处理程序进行后置处理的独立文件。

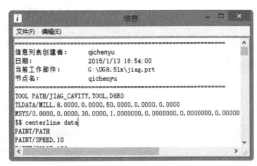

(a) "操作"工具条   (b) "CLSF 输出"对话框

图 13-61   CLSF 输出

图 13-62   CLSF 输出信息

13.2.4   后处理

单击"操作"工具条中的"后处理"按钮，系统弹出"后处理"对话框，如图 13-63 所示，选择"后处理器"为 MILL_3_AXIS，"设置"栏中选择"单位"类型为"公制/部件"，其余保持选项默认。单击"确定"按钮，系统弹出"后处理"警告对话框，如图 13-64 所示，再单击"确定"按钮，完成后处理操作，同时系统弹出"信息"对话框，如图 13-65 所示。经过后处理得到了 jiag.ptp 文件，该文件中保存了加工刀具轨迹的 G 代码。

图 13-63　"后处理"对话框

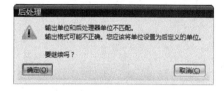

图 13-64　后处理警告

图 13-65　后处理信息

参 考 文 献

[1] 李志尊. UG NX 4.0 基础应用与范例解析主编[M]. 北京：机械工业出版社，2012.

[2] 北京兆迪科技有限该公司. UG NX 8.5 曲面设计教程[M]. 北京：机械工业出版社，2013.

[3] 藏艳红，管殿柱. UG NX 8.0 三维机械设计[M]. 北京：机械工业出版社，2014.